PROBABILITY AND STATISTICS

概率论与数理统计

习题册与综合训练（第2版）

主编　李晓莉　张雅文

江苏大学出版社
JIANGSU UNIVERSITY PRESS
镇　江

图书在版编目(CIP)数据

概率论与数理统计习题册与综合训练 / 李晓莉，张雅文主编. — 2版. — 镇江 ：江苏大学出版社，2022.1(2025.8 重印)

ISBN 978-7-5684-1536-1

Ⅰ. ①概… Ⅱ. ①李… ②张… Ⅲ. ①概率论－高等学校－习题集②数理统计－高等学校－习题集 Ⅳ. ①O21－44

中国版本图书馆 CIP 数据核字(2021)第 247527 号

概率论与数理统计习题册与综合训练. 2 版

Gailülun Yu Shulitongji Xitice Yu Zonghe Xunlian. 2ban

主　　编/李晓莉　张雅文
责任编辑/张小琴
出版发行/江苏大学出版社
地　　址/江苏省镇江市京口区学府路 301 号(邮编：212013)
电　　话/0511-84446464(传真)
网　　址/http://press.ujs.edu.cn
排　　版/镇江市江东印刷有限责任公司
印　　刷/句容市排印厂
开　　本/787 mm×1 092 mm　1/16
印　　张/6.5
字　　数/118 千字
版　　次/2018 年 6 月第 1 版　2022 年 1 月第 2 版
印　　次/2025 年 8 月第 2 版第 5 次印刷　累计第 9 次印刷
书　　号/ISBN 978-7-5684-1536-1
定　　价/25.00 元

如有印装质量问题请与本社营销部联系(电话:0511-84440882)

第2版前言

“概率论与数理统计”课程为高等学校理、工、农、经管等专业的一门重要的基础课程. 为帮助学生更好地掌握所学知识，方便教师组织教学，我们把多年的教学积累进行整理，编写了与教材配套的习题册作为学生的课后作业练习. 该习题册涵盖概率论与数理统计教学大纲的所有教学内容，难易结合，类型多样，内容丰富，经过多年的使用，得到教师和学生的普遍好评.

随着科学技术的发展，信息量和知识量急剧增长，概率论与数理统计的教学内容也面临对知识深度和广度的更高要求，为更好地适应教学，着重培养学生运用概率统计方法分析和解决实际问题的能力，配合概率论与数理统计教材的修订和中国大学 MOOC 的建设，我们决定对习题册进行内容的修订和改编：

(1) 对原有的基础习题进行修改、调整和替换；

(2) 对考研试题进行选编和扩充；

(3) 对应配套教材增加的概率统计综合应用案例内容，在习题册中增加有应用背景的习题与之呼应.

本习题册配合课堂教学、为学生复习巩固所学知识使用，通过练习使学生得到运用数学知识解决实际问题的初步训练，也希望通过有应用背景习题的练习，达到激发学生学习兴趣、拓展知识结构、提高应用能力的目的.

本书由李晓莉和张雅文主编，改编主要人员及改编章节如下：李晓莉改编课后习题，周莉改编模拟试卷及答案，李秋芳改编考研试题，李晓莉、王开永、董迎辉、周莉、李秋芳、张雅文、程毛林提供有关章节的综合应用习题. 全书最后由李晓莉、张雅文统稿.

限于作者的水平，本书难免有疏漏与不当之处，敬请同行及专家批评指正.

编　者

2021年9月

第1版前言

概率论与数理统计课程为高等学校理、工、农、经管等专业的一门重要基础课程.通过本课程的学习,能够使得学生初步掌握处理随机现象的基本思想和方法,并且培养学生运用概率统计方法分析和解决实际问题的能力.

为帮助学生更好地掌握所学知识,方便教师组织教学,我们把多年的教学积累进行整理,编写了与教材配套的习题册作为学生的课后作业练习。习题册所选习题涵盖概率论与数理统计教学大纲的所有教学内容,难易结合,类型多样;同时,还编写了四套模拟试题,供学生复习巩固所学知识使用。考虑到不少学生有报考研究生的意向,我们还收集了多年的考研试题,选编了概率统计部分试题进行分类整理,供有需要的学生学习研究。在本书的最后,我们尝试选编了若干概率统计综合应用案例作为教材的补充,把数学建模的思想融入其中,使学生得到运用数学知识解决实际问题的初步训练,希望通过案例教学,达到激发学习兴趣,拓展知识结构,提高应用能力的目的.

本书由李晓莉和张雅文主编,参加编写人员及编写章节如下:王林芳、王开永、董迎辉编写第一至四章,张雅文、李秋芳、程毛林编写第五至八章,李涛选编模拟试卷及答案,李秋芳选编考研试题,李晓莉选编综合应用案例.全书最后由李晓莉、张雅文统稿.

限于作者的水平,本书难免有疏漏与不当之处,敬请同行及专家批评指正.

编　者

2018年5月

目　　录

Ⅰ 课后练习

第一章　随机事件与概率

习题 1.1　样本空间与随机事件

1. 选择题：

(1) 设 A,B,C 为三个事件，则"A,B,C 中至少有一个发生"这一事件可表示为(　　).

A. $AB\cup AC\cup BC$　　B. $A\cup B\cup C$

C. $AB\bar{C}\cup A\bar{B}C\cup \bar{A}BC$　　D. $\bar{A}\cup\bar{B}\cup\bar{C}$

(2) 设 A,B 是任意事件，那么 $A-\bar{B}$ 不能表示为(　　).

A. AB　　B. $A-A\bar{B}$　　C. $\overline{\bar{A}\cup\bar{B}}$　　D. $\overline{\bar{A}B}$

(3) A,B,C 是任意事件，下列各式不成立的是(　　).

A. $(A-B)\cup B=A\cup B$　　B. $(A\cup B)-A=B$

C. $(A\cup B)-AB=A\bar{B}\cup\bar{A}B$　　D. $(A\cup B)\bar{C}=(A-C)\cup(B-C)$

(4) 设三个元件的寿命分别为 T_1,T_2,T_3，它们并联成一个系统. 只要有一个元件正常工作，系统就能正常工作，那么事件"系统的寿命超过 t"可表示为(　　).

A. $\{T_1+T_2+T_3>t\}$　　B. $\{T_1T_2T_3>t\}$

C. $\{\min\{T_1,T_2,T_3\}>t\}$　　D. $\{\max\{T_1,T_2,T_3\}>t\}$

2. 填空题：

(1) 用集合的形式表示下列随机试验的样本空间 Ω 与随机事件：

① 对目标进行射击，击中后便停止射击，观察射击的次数. 事件 A 表示"射击次数不超过 5 次"，则 $\Omega=$______________，$A=$______________.

② 在实数区间$[0,1]$中任取两个数 x 和 y，事件 B 表示"两数之差的绝对值小于$\frac{1}{2}$"，则 $\Omega=$______________，$B=$______________.

(2) 设 A,B,C 是随机试验 E 的三个事件，用 A,B,C 运算关系表示下列事件：

① A,B,C 中不多于两个发生______________；

② A,B,C 中恰有两个发生______________；

③ A,B,C 中至多有一个发生______________.

习题 1.2　随机事件的概率及计算

1. 填空题：

(1) 已知 $A\subset B$，$P(A)=0.4$，$P(B)=0.6$，则 $P(\overline{A})=$________，$P(AB)=$________，$P(A\overline{B})=$________，$P(\overline{A}\overline{B})=$________.

(2) 设事件 A，B 仅有一个发生的概率为 0.3，且 $P(A)+P(B)=0.5$，则 A，B 至少有一个不发生的概率为________.

(3) 盒子中有 10 个球，其中 3 个红球，接连不放回抽取 5 次，第一次抽到红球的概率为________，第二次抽到红球的概率为________，第五次抽到红球的概率为________.

2. 选择题：

(1) 如果 A 与 B 互不相容，则(　　).

A. $\overline{A}\,\overline{B}=\varnothing$　　B. $\overline{A}=B$　　C. $\overline{A}\cup\overline{B}=\Omega$　　D. $A\cup B=\Omega$

(2) 若 $P(AB)=0$，则(　　).

A. A 与 B 互不相容　　B. $A\cup B=\Omega$

C. $P(A-B)=P(A)$　　D. $P(A-B)=P(A)-P(B)$

(3) 两个事件 A 与 B 是对立事件的充要条件是(　　).

A. $P(AB)=P(A)P(B)$　　B. $P(AB)=0$ 且 $P(A\cup B)=1$

C. $AB=\varnothing$ 且 $A\cup B=\Omega$　　D. $AB=\varnothing$

3. 一批晶体管共 40 只，其中 3 只是坏的，从中不放回地任取 5 只，求：

(1) 5 只全是好的的概率；

(2) 5 只中有 2 只是坏的的概率；

(3) 5 只中至多有 1 只是坏的的概率.

4. 假定每个人的生日在各个月份的概率相同，某宿舍有 6 位同学，计算如下事件的概率：

(1) 6 人中至少有 1 人生日在 10 月份；

(2) 6 人中恰有 2 人生日在 10 月份.

5. 设 A,B,C 为三个随机事件，且 $P(A)=P(B)=P(C)=\frac{1}{4}$，$P(AB)=P(BC)=0$，$P(AC)=\frac{1}{6}$，求 A,B,C 至少有一个发生的概率.

习题 1.3　条件概率

1. 选择题：

(1) 设 A,B 为两个相互对立的事件，且 $P(A)>0,P(B)>0$，则(　　).

A. $P(B|A)>0$　　　　B. $P(A|B)=P(A)$

C. $P(A|B)=0$　　　　D. $P(AB)=P(A)P(B)$

(2) 一种零件的加工由两道独立工序组成，第一道工序的废品率为 p，第二道工序的废品率为 q，则该零件加工的成品率为(　　).

A. $1-p-q$　　　　B. $1-pq$

C. $1-p-q+pq$　　　　D. $(1-p)+(1-q)$

2. 填空题：

(1) 已知 $P(A)=0.5$，$P(A\cup B)=0.6$. 若 A 与 B 互不相容，则 $P(B)=$________；若 A 与 B 相互独立，则 $P(B)=$________.

(2) 一射手对同一目标独立地进行 4 次射击，若至少命中一次的概率为 $\frac{80}{81}$，则该射手的命中率为________.

(3) 已知 $P(A)=0.5,P(B)=0.6,P(B|A)=0.8$，则 $P(\overline{A}\overline{B})=$____________.

3. 设 $0<P(A)<1,0<P(B)<1,P(A|B)+P(\overline{A}|\overline{B})=1$，证明：事件 A 与 B 一定相互独立.

4. 为防止意外，在矿内同时安装了两种报警系统 A 与 B. 报警系统同时使用时，系统 A 有效的概率为 0.92，系统 B 有效的概率为 0.93；在系统 A 失效的条件下，系统 B 有效的概率为 0.85. 求：(1) 发生意外时，这两种报警系统至少有一个有效的概率；(2) 系统 B 失效的条件下，系统 A 有效的概率.

5. 市场上有甲、乙、丙三家工厂生产同一品牌的产品.已知三家工厂的市场占有率分别为$\frac{1}{4}$,$\frac{1}{4}$,$\frac{1}{2}$,三家工厂生产产品的次品率分别为0.002,0.01,0.005.

(1) 求市场上该品牌产品的次品率;

(2) 若某人购买的该品牌产品为次品,问该品牌产品是甲厂生产的概率为多少?

6. 已知一批产品中96%是合格品.检查产品时,一个合格品被误认为次品的概率是0.02,一个次品被误认为合格品的概率是0.05,求在检查后被认为是合格品的产品的确是合格品的概率.

7. 某学院有专业 A、专业 B、专业 C 三个专业，某学期高等数学考试成绩不及格的学生情况如下表：

专业	学生人数	不及格人数
A	131	18
B	73	8
C	105	12

(1) 根据表中数据计算该学院高等数学的不及格率；

(2) 现从学院学生中任意抽取一名学生，且知他的高等数学成绩不及格，问他是专业 A 的概率是多少？

*8. 吸烟不但有害自身健康，还可能造成胎儿畸形. 有学者调查了 5 200 名孕妇，研究数据发现其丈夫不吸烟者，胎儿先天性畸形率为 0.8%；每天吸烟 1～10 支者，畸形率为 1.4%；每天吸烟 10 支以上者，畸形率为 2.1%. 假设男性吸烟率为 60%，在吸烟的男性中"每天吸烟 1～10 支者"和"每天吸烟 10 支以上者"的比例为 3∶7.

(1) 求胎儿为先天性畸形的概率；

(2) 如果发现某新生儿是先天性畸形，问他父亲每天吸烟 10 支以上的概率是多少？

第二章 随机变量及其概率分布

习题 2.1 随机变量及其分布函数

1. 选择题：

(1) 设 X 是一个随机变量，a，b 为实数($a<b$)，则下面选项中正确的是(　　).

A. $P(X=a)=0$　　　　B. $P(X\leqslant a)>0$

C. $P(a\leqslant X\leqslant b)=P(X\leqslant b)-P(X\leqslant a)$　　　　D. $P(X\geqslant a)=1-P(X<a)$

(2) 设 X 的分布函数为 $F(x)$(x 为任意实数)，则下面选项中不一定正确的是(　　).

A. $F(x)=P(X\leqslant x)$　　　　B. $F(-x)=1-F(x)$

C. $P(a<X\leqslant b)=F(b)-F(a)$　　　　D. $P(X>x)=1-F(x)$

习题 2.2 离散型随机变量

1. 填空题：

(1) 设随机变量 X 的分布列为 $P\{X=k\}=\dfrac{a}{N}$，$k=1,2,\cdots,N$，则 $a=$________.

(2) 一批产品共 100 个，其中有 10 个次品，从中有放回取 5 次，每次任取一个，以 X 表示取出的次品数，则 X 的分布列为________________________________.

(3) 某射手对一目标进行射击，直至击中为止. 如果每次射击命中率都是 p，以 X 表示射击的次数，则 X 的分布列为________________________________.

2. 设盒中的 3 个零件里有一个次品，从中不放回依次取出进行检查，直到查到次品为止. 用 X 表示检查次数，试求：(1) X 的分布列；(2) X 的分布函数 $F(x)$.

3. 设某城市在一周内发生交通事故的次数服从参数为 0.3 的泊松分布，试问：

(1) 在一周内恰好发生 2 次交通事故的概率是多少？

(2) 在一周内至少发生 1 次交通事故的概率是多少？

4. 某人购买某种彩票，已知中奖的概率为 0.001. 现购买 2 000 张彩票，试求：

(1) 此人中奖的概率；

(2) 至少有 3 张彩票中奖的概率.

5. 某商店出售某种商品，根据以往经验，每月的销售量服从参数为 3 的泊松分布. 问在月初该商品库存为多少件时，才能以 0.95 的概率满足顾客的购物需求？

习题 2.3 连续型随机变量

1. 选择题：

(1) 设随机变量 X 的密度函数为 $f(x)$，且 $f(-x)=f(x)$，$F(x)$ 是 X 的分布函数，则对任意实数 a，有(　　).

A. $F(-a)=1-\int_0^a f(x)\mathrm{d}x$　　B. $F(-a)=\frac{1}{2}-\int_0^a f(x)\mathrm{d}x$

C. $F(-a)=F(a)$　　D. $F(-a)=2F(a)-1$

(2) 设随机变量 X 的分布函数 $F(x)$ 只有两个间断点，则(　　).

A. X 一定是离散型随机变量　　B. X 一定是连续型随机变量

C. X 一定不是离散型随机变量　　D. X 一定不是连续型随机变量

2. 设连续型随机变量 X 的密度函数为

$$f(x)=\begin{cases} ax^2, & 0\leqslant x\leqslant 1, \\ 2-x, & 1<x\leqslant 2, \\ 0, & \text{其他}. \end{cases}$$

试求：(1) 常数 a 的值；(2) 随机变量 X 的分布函数 $F(x)$；(3) $P\left(\frac{1}{2}<X<\frac{3}{2}\right)$.

3. 设随机变量 X 的密度函数为

$$f(x)=\begin{cases}Ax+1, & 0\leqslant x\leqslant 2,\\ 0, & x<0 \text{ 或 } x>2.\end{cases}$$

求：(1) A 的值；(2) X 的分布函数 $F(x)$；(3) $P(X\leqslant 0.5\,|\,0\leqslant X<1)$.

4. 设连续型随机变量 X 的分布函数为

$$F(x)=\begin{cases}c, & x<0,\\ a+b\mathrm{e}^{-\frac{x^3}{2}}, & x\geqslant 0.\end{cases}$$

试求：(1) 常数 a,b,c 的值；(2) 随机变量 X 的密度函数 $f(x)$；(3) $P(\sqrt[3]{2}<X<2)$.

5. 设随机变量 K 在区间(0,5)内服从均匀分布，求方程 $4x^2+4Kx+K+2=0$ 有实根的概率.

6. 设一工厂生产的某种电子元件寿命 $X\sim N(1\,600,\sigma^2)$，

(1) 求 $P(X>1\,600)$；

(2) 求 $P(|X-1\,600|\leqslant 3\sigma)$；

(3) 若要求 $P(1\,200\leqslant X\leqslant 2\,000)\geqslant 0.9$,问 σ 的允许上限为多少？

7. 某种型号的电子管寿命 X(以小时计)具有以下密度函数：

$$f(x)=\begin{cases}\dfrac{1\ 000}{x^2}, & x>1\ 000,\\ 0, & \text{其他}.\end{cases}$$

现从一大批该电子管(设各电子管损坏与否相互独立)中任取 5 只,问其中至少有 2 只寿命大于 1 500 小时的概率是多少?

*8. 已知某电子元件在电源电压不超过 200 V,200～240 V,240 V 以上损坏的概率分别是 0.1,0.001,0.2,而电源电压 X 服从正态分布 $N(220,225)$(单位:V).

(1) 求电源电压 X 在区间$(-\infty,200]$,$(200,240]$,$(240,+\infty)$的概率;

(2) 若发现该电子元件损坏,问电源电压在 200～240 V 之间的概率是多少?

习题 2.4 二维随机变量及其分布

1. 设随机变量 $Z\sim U(-2,2)$，随机变量

$$X=\begin{cases}-1, & Z\leqslant -1,\\ 1, & Z>-1,\end{cases}\quad Y=\begin{cases}-1, & Z\leqslant 1,\\ 1, & Z>1.\end{cases}$$

试求 (X,Y) 的联合分布列.

2. 设二维离散型随机变量 (X,Y) 的联合分布列及边缘分布列如下表所示：

$X \backslash Y$	-1	0	1	$p_{i\cdot}$
0	0.1		0.2	0.4
1	0.2	0.2		
$p_{\cdot j}$				1

(1) 完成上述表格；

(2) 求 $P(X^2+Y^2=2)$.

3. 选择题：

(1) 若 $f(x,y)$是二维连续型随机变量(X,Y)的联合密度函数，则(　　).

A. $0\leqslant f(x)\leqslant 1$

B. $\lim\limits_{\substack{x\to+\infty\\ y\to+\infty}} f(x,y)=1$

C. $\int_{-\infty}^{+\infty}\int_{-\infty}^{+\infty} f(x,y)\mathrm{d}x\mathrm{d}y = 1$

D. $f(x,y)$是连续函数

(2) 若 $f(x,y)$是二维连续型随机变量(X,Y)的联合密度函数，则 X 的边缘密度函数为(　　).

A. $\int_{-\infty}^{+\infty} f(x,y)\mathrm{d}x$

B. $\int_{-\infty}^{+\infty} f(x,y)\mathrm{d}y$

C. $\int_{-\infty}^{x} f(x,y)\mathrm{d}y$

D. $\int_{-\infty}^{y} f(x,y)\mathrm{d}x$

4. 设(X,Y)服从 $G=\{(x,y)\mid 0\leqslant x\leqslant 2,0\leqslant y\leqslant 1\}$上的均匀分布，求：

(1) (X,Y)的联合密度函数；

(2) $P(Y<X^2)$；

(3) X 和 Y 的边缘密度函数.

5. 设二维连续型随机变量(X,Y)的联合密度函数为

$$f(x,y)=\begin{cases} kx, & 0<x<1,-x<y<x, \\ 0, & \text{其他}. \end{cases}$$

试求:(1) 常数k的值;(2) X与Y的边缘密度函数$f_X(x)$及$f_Y(y)$.

6. 一台机器制造直径为X(单位:厘米)的轴,另一台机器制造内径为Y(单位:厘米)的轴套,(X,Y)的联合密度函数为

$$f(x,y)=\begin{cases} 2\,500, & 0.49<x<0.51,0.51<y<0.53, \\ 0, & \text{其他}. \end{cases}$$

若轴套的内径比轴的直径大0.004但不大于0.036,则认为两者能配合成套,产品合格.现任取一个轴和一个轴套,问能刚好配合成套的概率是多少?

7. 设二维连续型随机变量(X,Y)的联合密度函数为

$$f(x,y)=\begin{cases}x^2+cxy, & 0\leqslant x\leqslant 1,0\leqslant y\leqslant 2,\\0, & \text{其他}.\end{cases}$$

求：(1) 常数 c；

(2) $P(X+Y\leqslant 1)$；

(3) X 和 Y 的边缘密度函数.

习题 2.5 条件分布及随机变量的独立性

1. 填空题:

设随机变量 X 与 Y 相互独立,且具有相同的分布列

X	0	1
P	0.4	0.6

则 $Z=\max\{X,Y\}$ 的分布列是______________________.

2. 设随机变量 X 与 Y 相互独立,试完成下表:

X \ Y	y_1	y_2	y_3	$p_{i\cdot}$
x_1		1/8		
x_2	1/8			
$p_{\cdot j}$	1/6			1

3. 设二维连续型随机变量(X,Y)的联合密度函数为

$$f(x,y)=\begin{cases} cxy, & 0<x<1,0<y<2, \\ 0, & \text{其他}. \end{cases}$$

(1) 确定常数 c;(2) 判断 X 与 Y 是否相互独立,说明理由.

4. 设 X 与 Y 相互独立，X 服从均匀分布 $U(0,1)$，Y 服从指数分布 $E\left(\frac{1}{2}\right)$，求：

(1) 二维随机变量 (X,Y) 的联合密度函数 $f(x,y)$；

(2) $P\{X>Y\}$.

*5. 设 A,B 为两个随机事件，已知 $P(A)=\frac{1}{4}$，$P(B|A)=\frac{1}{2}$，$P(A|B)=\frac{1}{4}$. 设随机变量 $X=\begin{cases}1, & A\text{ 发生},\\0, & A\text{ 不发生},\end{cases}$ $Y=\begin{cases}1, & B\text{ 发生},\\0, & B\text{ 不发生},\end{cases}$ 问随机变量 X 与 Y 是否相互独立？

习题 2.6 随机变量函数的分布

1. 设随机变量 X 的分布列为

X	-2	-1	0	1
P	$1/6$	$1/3$	$1/6$	$1/3$

试求:(1) $Y=2X-1$ 的分布列;(2) $Z=X^2$ 的分布列.

2. 设随机变量 $X\sim U(0,1)$,试求:

(1) $Y=\mathrm{e}^X$ 的密度函数 $f_Y(y)$;

(2) $Z=-2\ln X$ 的密度函数 $f_Z(z)$.

3. 设连续型随机变量 X 的密度函数为

$$f(x)=\begin{cases}2(1-x), & 0\leqslant x\leqslant 1,\\ 0, & \text{其他}.\end{cases}$$

求函数 $Y=2X+3$ 的密度函数 $f_Y(y)$.

4. 选择题:

(1) 已知随机变量 X 的密度函数为 $f_X(x)$,令 $Y=-2X$,则 Y 的密度函数 $f_Y(y)$ 为(　　).

A. $2f_X(-2y)$　　B. $f_X\left(-\frac{y}{2}\right)$

C. $-\frac{1}{2}f_X\left(-\frac{y}{2}\right)$　　D. $\frac{1}{2}f_X\left(-\frac{y}{2}\right)$

(2) 设 $X\sim N(1,3)$,$Y\sim N(1,1)$,且 X 与 Y 相互独立,则下列说法正确的是(　　).

A. $X-Y\sim N(0,4)$　　B. $X-Y\sim N(1,4)$

C. $X-Y\sim N(2,4)$　　D. $X-Y\sim N(0,2)$

(3) 设 $X_i\sim B(1,p)$,且 X_i 相互独立($i=1,2,\cdots,n$),则下列说法正确的是(　　).

A. $\sum_{i=1}^{n}X_i\sim B(1,p)$　　B. $\sum_{i=1}^{n}X_i\sim B(n,p)$

C. $\sum_{i=1}^{n}X_i\sim B(n,np)$　　D. $\sum_{i=1}^{n}X_i\sim B(1,np)$

第三章 随机变量的数字特征

习题 3.1 数学期望

1. 填空题：

(1) 设二维随机变量$(X,Y)\sim N(10,2,1,1,0)$，则$E(-2XY+Y+5)=$________.

(2) 设随机变量$X\sim P(2)$，$Y\sim U(0,6)$，若$Z=2X-3Y-3$，则$E(Z)=$________.

2. 设X的分布列为

X	-1	0	$\frac{1}{2}$	1	2
p_i	$\frac{1}{3}$	$\frac{1}{6}$	$\frac{1}{6}$	$\frac{1}{12}$	$\frac{1}{4}$

求：(1) $E(X)$；(2) $E(-X+1)$；(3) $E(X^2)$.

3. 设连续型随机变量X的密度函数为

$$f(x)=\begin{cases} x, & 0<x<1, \\ 2-x, & 1\leqslant x<2, \\ 0, & \text{其他}. \end{cases}$$

求：(1) $E(X)$；(2) $E(|X-E(X)|)$.

4. 设二维离散型随机变量(X,Y)的联合分布列为

X \ Y	0	1
0	0.3	0.4
1	0.2	0.1

求:(1) $E(X)$,$E(Y)$;(2) $E(X-2Y)$,$E(3XY)$.

5. 设(X,Y)服从区域A上的均匀分布,其中A由x轴、y轴及直线$x+y+1=0$围成.求:(1) $E(X)$;(2) $E(XY)$.

6. 设一台机器在一天之内发生故障的概率为0.2,一旦发生故障全天停止工作.若一周有五个工作日无故障发生可获得利润10万元,发生一次故障仍可获得利润5万元,发生两次故障利润为0元,发生三次或三次以上故障则亏损2万元,求一周的期望利润.

习题 3.2　方差

1. 填空题：

(1) 设随机变量 X_1, X_2, X_3 相互独立，其中 $X_1 \sim U(0,6)$，$X_2 \sim N(0,4)$，$X_3 \sim P(3)$. 记 $Y = X_1 - 2X_2 + 3X_3$，则 $D(Y) =$ ________.

(2) 设二维随机变量 $(X,Y) \sim N(1,2,1,1,0)$，则 $D(-2X+Y+5) =$ ______________，$Z = -2X+Y$ 服从____________分布.

2. 选择题：

设二维随机变量 $(X,Y) \sim N(\mu_1, \mu_2, \sigma_1^2, \sigma_2^2, \rho)$，则下列结论中错误的是(　　).

A. $X \sim N(\mu_1, \sigma_1^2)$，$Y \sim N(\mu_2, \sigma_2^2)$

B. $E(X+Y) = \mu_1 + \mu_2$

C. $D(X+Y) = \sigma_1^2 + \sigma_2^2$

D. X 与 Y 相互独立的充分必要条件是 $\rho = 0$

3. 设随机变量 X 的密度函数为

$$f(x) = \begin{cases} \dfrac{1}{2}\cos\dfrac{x}{2}, & 0 \leqslant x \leqslant \pi, \\ 0, & \text{其他}. \end{cases}$$

对 X 独立地重复观察 4 次，用 Y 表示观察值大于 $\dfrac{\pi}{3}$ 的次数，求 Y 的数学期望 $E(Y)$ 和方差 $D(Y)$.

4. 设随机变量 $X \sim P(\lambda)$ 且 $E[(X-1)(X-2)] = 1$，随机变量 $Y \sim B\left(8, \dfrac{1}{2}\right)$ 且 X 与 Y 相互独立，试求 $E(X-3Y-4)$ 及 $D(X-3Y-4)$.

5. 设(X,Y)的联合密度函数为

$$f(x,y)=\begin{cases}12y^2, & 0\leqslant y\leqslant x\leqslant 1,\\ 0, & 其他.\end{cases}$$

试求 $D(X)$及 $D(Y)$.

6. Warren Dinner 公司对 9 个不同的项目进行了投资，投资收益分别为 $X_1,X_2,\cdots,X_9$，假设不同投资项目带来的收益是独立的，每个投资项目的收益 $X_i(i=1,2,\cdots,9)$都服从正态分布，且均值为 500 个单位，标准差为 100 个单位．公司总投资收益为 $X=\sum_{i=1}^{9}X_i$，那么，

(1) Warren Dinner 公司总投资收益的平均值是多少？

(2) 总收益在 4 000～5 200 之间的概率是多少？

习题 3.3 协方差与相关系数

1. 填空题：

(1) 设随机变量 $X\sim P(2)$，$Y\sim U(0,6)$ 且 $\rho_{XY}=\frac{1}{\sqrt{6}}$，若 $Z=2X-3Y-3$，则 $D(Z)=$________.

(2) 设 (X,Y) 服从二维正态分布，则 $\mathrm{Cov}(X,Y)=0$ 是 X 与 Y 相互独立的______条件.

(3) 设 X 与 Y 独立同分布，且方差存在，定义 $\xi=X-aY$，$\eta=X+aY$，则有 $\rho_{\xi\eta}=$________.

2. 选择题：

(1) 设 X 与 Y 的相关系数 $\rho_{XY}=0$，则必有(　　).

A. X 与 Y 相互独立　　B. X 与 Y 不一定相关

C. X 与 Y 必不相关　　D. X 与 Y 必相关

(2) 设随机变量 X 与 Y 的期望和方差存在，且 $D(X-Y)=D(X)+D(Y)$，则下列说法中不正确的是(　　).

A. $D(X+Y)=D(X)+D(Y)$　　B. X 与 Y 独立

C. X 与 Y 不相关　　D. $E(XY)=E(X)\cdot E(Y)$

3. 已知二维离散型随机变量 (X,Y) 的联合分布列为

X \ Y	-1	0	1
-1	1/8	1/8	1/8
0	1/8	0	1/8
1	1/8	1/8	1/8

(1) 求协方差 $\mathrm{Cov}(X,Y)$ 及相关系数 ρ_{XY}；(2) 判断 X 与 Y 是否相互独立？是否不相关？

4. 设二维连续型随机变量(X,Y)的联合密度函数为

$$f(x,y)=\begin{cases}1, & 0<x<1,0<y<2x,\\0, & \text{其他}.\end{cases}$$

试求:(1) X与Y的边缘概率密度函数$f_X(x)$和$f_Y(y)$,并判断X与Y是否相互独立;

(2) X与Y的协方差$\mathrm{Cov}(X,Y)$,并判断X与Y是否不相关.

5. 设二维随机变量(X,Y)服从单位圆上的均匀分布,其联合密度函数为

$$f(x,y)=\begin{cases}\dfrac{1}{\pi}, & x^2+y^2\leqslant 1,\\0, & \text{其他}.\end{cases}$$

试验证:(1) X与Y不相关;(2) X与Y不相互独立.

第四章　大数定律与中心极限定理

习题 4.1—4.2　大数定律与中心极限定理

1. 填空题:

(1) 已知正常成年男性血液中每毫升含白细胞数的平均值是 7 300 个,标准差是 700,利用切比雪夫不等式估计每毫升血液中白细胞数在 5 200～9 400 之间的概率是________.

(2) 设随机变量 X 和 Y 的期望都为 2,方差分别为 1 和 4,且 X 与 Y 相互独立,则根据切比雪夫不等式得 $P(|X-Y|\geqslant 4)\leqslant$________.

(3) 若随机变量 $X_i\sim P(\lambda)$ $(i=1,2,\cdots,n)$且相互独立,当 n 足够大时,由中心极限定理可知,$\sum\limits_{i=1}^{n}X_i$ 近似服从分布________.

2. 某保险公司多年的资料表明,在索赔户中被盗索赔户占 20%.随机抽查 100 个索赔户,用 X 表示其中因被盗而向保险公司索赔的户数,求 $P(14\leqslant X\leqslant 30)$.

3. 设随机变量 $X_1,X_2,\cdots,X_{48}$ 相互独立且都在$[0,1]$上服从均匀分布. 令 $\overline{X}=\frac{1}{48}\sum\limits_{i=1}^{48}X_i$,试用中心极限定理计算 $P\left(\left|\overline{X}-\frac{1}{2}\right|<0.04\right)$的值.

4. 某门课程的一套试题由 100 道单项选择题组成，每题 1 分，有 4 个答案选项，总得分大于或等于 60 分为及格. 假设某位学生只会做其中 50 道题，剩下的题目靠随机猜测选答案，问最后这位学生及格的概率是多少？

5. 某互联网站有 10 000 个相互独立的用户，已知每个用户在平时任一时刻访问网站的概率为 0.2. 应用中心极限定理解决以下问题：

(1) 求在任一时刻有 1 880～2 120 个用户访问该网站的概率；

(2) 假设每个用户访问该网站时需要 128 kB 的宽带流量，问至少供应多少 kB 的宽带，才能以 95%的把握保证用户不会因宽带不足而无法访问网站？

第五章 数理统计基本概念及抽样分布

习题 5.1—5.2 统计量和抽样分布

1. 填空题：

(1) 设 $X_1,\cdots,X_n$ 为总体 $X\sim N(0,\sigma^2)$ 的一个样本，则 $\frac{1}{\sigma^2}\sum_{i=1}^{n}X_i^2\sim$________.

(2) 设随机变量 X 与 Y 相互独立且 $X\sim N(0,\sigma^2)$，$Y\sim\chi^2(n)$，则 $Z=\frac{\sqrt{n}X}{\sqrt{Y}\sigma}\sim$________.

(3) 设总体 X 服从正态分布 $N(0,1)$，而 $X_1,X_2,\cdots,X_{15}$ 是来自总体 X 的简单随机样本，则随机变量 $Y=\frac{X_1^2+\cdots+X_{10}^2}{2(X_{11}^2+\cdots+X_{15}^2)}\sim$__________.

2. 选择题：

(1) $F_{0.95}(7,9)=$(　　).

A. $F_{0.05}(9,7)$　　B. $\frac{1}{F_{0.95}(9,7)}$　　C. $\frac{1}{F_{0.05}(7,9)}$　　D. $\frac{1}{F_{0.05}(9,7)}$

(2) 设总体 $X\sim N(\mu,\sigma^2)$，其中 μ 已知，σ^2 未知，X_1,X_2,X_3 是从中抽取的简单随机样本，下列各项中不是统计量的是(　　).

A. $\frac{1}{\sigma^2}(X_1^2+X_2^2+X_3^2)$　　B. $X_1+3\mu$

C. $\max\{X_1,X_2,X_3\}$　　D. $\frac{1}{3}(X_1+X_2+X_3)$

(3) 设随机变量 $X\sim t(n)$ $(n>1)$，$Y=\frac{1}{X^2}$，则(　　).

A. $Y\sim\chi^2(n)$　　B. $Y\sim\chi^2(n-1)$　　C. $Y\sim F(n,1)$　　D. $Y\sim F(1,n)$

3. 设某种电灯泡的寿命 X 服从指数分布 $E(\lambda)$，从中抽取 100 只灯泡，求这一简单随机样本 $X_1,X_2,\cdots,X_{100}$ 的联合概率密度函数.

4. 设 $X_1, X_2, \cdots, X_5$ 是独立且服从相同分布 $N(0,1)$的随机变量.

(1) 试给出常数 c,使得 $c \cdot (X_1^2 + X_2^2)$服从 χ^2 分布,并指出它的自由度;

(2) 试给出常数 d,使得 $d \cdot \dfrac{X_1 + X_2}{\sqrt{X_3^2 + X_4^2 + X_5^2}}$服从 t 分布,并指出它的自由度;

(3) 求$\left(\dfrac{X_1 + X_2}{X_3 - X_4}\right)^2$ 的分布.

*5. 设 $X_1, X_2, \cdots, X_n (n > 2)$为来自总体 $N(0,1)$的简单随机样本,$\overline{X}$ 为样本均值,记 $Y_i = X_i - \overline{X}, i = 1, 2, \cdots, n$.

求:(1) Y_i 的方差 $D(Y_i)$;

(2) Y_1 与 Y_n 的协方差 $\mathrm{Cov}(Y_1, Y_n)$.

习题 5.3 正态总体统计量的抽样分布

1. 填空题：

(1) 设总体 $X \sim N(\mu, \sigma^2)$，$X_1, X_2, \cdots, X_n$ 为取自总体 X 的样本，$\overline{X}$ 为样本均值，则 $E(\overline{X}) =$ ________，$D(\overline{X}) =$ ________，$\overline{X} \sim$ ________．

(2) 设总体 $X \sim N(\mu, \sigma^2)$，$\overline{X}$，S^2 分别为样本均值与样本方差，n 为样本容量，则 $\dfrac{\overline{X}-\mu}{S/\sqrt{n}} \sim$ ________，$\dfrac{(n-1)S^2}{\sigma^2} \sim$ ________．

2. 选择题：

(1) 假设总体 $X \sim N(1, 2^2)$，$X_1, X_2, \cdots, X_{100}$ 是来自总体 X 的一个样本，$\overline{X}$ 为其样本均值，且 $\overline{X} \sim N(\mu, \sigma^2)$，则下列选项中正确的是(　　)．

A. $\mu=1, \sigma=0.04$　　　　B. $\mu=100, \sigma=0.2$

C. $\mu=0.01, \sigma=0.04$　　　　D. $\mu=1, \sigma=0.2$

(2) 设 $X_1, X_2, \cdots, X_{100}$ 为来自总体 $X \sim N(\mu, 4^2)$ 的一个样本，而 $Y_1, Y_2, \cdots, Y_{100}$ 为来自总体 $Y \sim N(\mu, 3^2)$ 的一个样本，且两个样本独立，以 $\overline{X}$，$\overline{Y}$ 分别表示这两个样本的样本均值，则 $\overline{X}-\overline{Y}$ 所服从的分布是(　　)．

A. $N\left(0, \dfrac{7}{100}\right)$　　B. $N\left(0, \dfrac{1}{4}\right)$　　C. $N(0,7)$　　D. $N(0,25)$

3. 判断题：

设总体 $X \sim N(0, \sigma^2)$，X_1, X_2, X_3 为取自总体 X 的一个样本，判断下列结果是否正确，并将错误的结果改正过来．

(1) $\dfrac{X_1+X_2+X_3}{\sigma} \sim N(0,3)$．　(　　)

(2) $\dfrac{X_1^2+X_2^2+X_3^2}{\sigma^2} \sim \chi^2(3)$．　(　　)

(3) $\dfrac{X_1}{\sqrt{X_2^2+X_3^2}} \sim t(2)$．　(　　)

(4) $\dfrac{2X_1^2}{X_2^2+X_3^2} \sim F(1,2)$．　(　　)

(5) $D(X_1+\overline{X}) = \dfrac{4}{3}\sigma^2$．　(　　)

(6) $\mathrm{Cov}(X_1, \overline{X}) = \sigma^2$．　(　　)

4. 从正态总体 $N(3.4,6^2)$ 中抽取容量为 n 的样本. 如果要求其样本均值 $\overline{X}$ 位于区间 $(1.4,5.4)$ 内的概率不小于 0.95,问样本容量 n 至少应取多大?

5. 从正态总体 $N(\mu,0.5^2)$ 中抽取容量为 10 的样本 $X_1,X_2,\cdots,X_{10}$.

(1) 已知 $\mu=0$,求 $\sum\limits_{i=1}^{10}X_i^2\geqslant 4$ 的概率;(2) 若 μ 未知,求 $\sum\limits_{i=1}^{10}(X_i-\overline{X})^2<3.67$ 的概率.

6. 设总体 $X\sim N(50,6^2)$,总体 $Y\sim N(46,4^2)$. 从总体 X 中抽取容量为 10 的样本,记其样本方差为 S_1^2;从总体 Y 中抽取容量为 8 的样本,记其样本方差为 S_2^2. 求下列概率:

(1) $P(0<\overline{X}-\overline{Y}<8)$;(2) $P\left(\dfrac{S_1^2}{S_2^2}<8.28\right)$.

第六章　参数估计

习题 6.1　点估计

1. 选择题：

(1) 设 $X_1, X_2, \cdots, X_n$ 是总体 $X \sim N(\mu, \sigma^2)$ 的样本，$S^2 = \frac{1}{n-1}\sum_{i=1}^{n}(X_i - \overline{X})^2$ 为样本方差，$B_2 = \frac{1}{n}\sum_{i=1}^{n}(X_i - \overline{X})^2$ 为样本二阶中心距，则下列选项中不正确的是(　　).

A. $S^2 = \frac{n}{n-1}B_2$　　　　B. $S^2 = \frac{1}{n-1}(\sum_{i=1}^{n}X_i^2 - n\overline{X}^2)$

C. $E(S^2) = \frac{n}{n-1}\sigma^2$　　　　D. $E(S^2) = \sigma^2$

(2) 设总体 X 服从正态分布 $N(\mu, \sigma^2)$，$X_1, X_2, \cdots, X_n$ 是来自 X 的样本，则 σ^2 的最大似然估计为(　　).

A. $\frac{1}{n}\sum_{i=1}^{n}(X_i - \overline{X})^2$　　　　B. $\frac{1}{n-1}\sum_{i=1}^{n}(X_i - \overline{X})^2$

C. $\frac{1}{n}\sum_{i=1}^{n}X_i^2$　　　　D. $\overline{X}^2$

(3) 设总体 X 服从正态分布 $N(\mu, \sigma^2)$，X_1, X_2 是总体的一个样本. 在下列参数 μ 的无偏估计中，最有效的估计量是(　　).

A. $\hat{\mu}_1 = \frac{2}{3}X_1 + \frac{1}{3}X_2$　　　　B. $\hat{\mu}_2 = \frac{1}{2}X_1 + \frac{1}{2}X_2$

C. $\hat{\mu}_3 = \frac{1}{4}X_1 + \frac{3}{4}X_2$　　　　D. $\hat{\mu}_4 = -\frac{1}{4}X_1 + \frac{5}{4}X_2$

2. 设总体 X 具有如下分布列：

X	1	2	3
P	θ^2	$2\theta(1-\theta)$	$(1-\theta)^2$

其中，$\theta(0<\theta<1)$ 为未知参数. 已知取得了样本值 $x_1=1, x_2=2, x_3=1$，试求 θ 的矩估计和最大似然估计.

3. 设总体 X 的概率密度函数为

$$f(x)=\begin{cases}\theta x^{\theta-1}, & 0<x<1,\\ 0, & \text{其他},\end{cases}$$

$X_1,X_2,\cdots,X_n$ 是来自总体 X 的样本,求 θ 的矩估计和最大似然估计.

4. 设总体 X 服从几何分布,分布列为 $P(X=x)=p(1-p)^{x-1}(x=1,2,\cdots)$,其中 p 是未知参数,$X_1,X_2,\cdots,X_n$ 是来自总体 X 的一个容量为 n 的简单随机样本,试求 p 的最大似然估计.

5. 设 $X_1, X_2, \cdots, X_n$ 为总体 X 的一个简单随机样本，$E(X)=\mu$，$D(X)=\sigma^2$. 若 $\hat{\theta}^2 = C\sum_{i=1}^{n-1}(X_{i+1}-X_i)^2$ 为 σ^2 的无偏估计，求 C 的值.

* 6. 设 $X_1, X_2, \cdots, X_n$ 是来自总体 $N(\mu, \sigma^2)$ 的简单随机样本，记

$$\overline{X} = \frac{1}{n}\sum_{i=1}^{n} X_i, S^2 = \frac{1}{n-1}\sum_{i=1}^{n}(X_i - \overline{X})^2, T = \overline{X}^2 - \frac{1}{n}S^2.$$

(1) 证明 T 是 μ^2 的无偏估计量；(2) 当 $\mu=0, \sigma=1$ 时，求 $D(T)$.

习题 6.2　区间估计

1. 填空题：

(1) 已知一批零件的长度 X(cm)服从正态分布 $N(\mu,\sigma^2)$，σ^2 未知，从中随机抽取 n 个零件，得到样本平均值 $\bar{x}$，样本标准差为 S，则参数 μ 的置信度为 $1-\alpha$ 的置信区间是________________，这个置信区间的中点是________，区间的长度是____________，若要求置信区间的长度不超过 l，那么样本容量 n 应满足__________.

2. 判断下列说法是否正确，并给出理由.

(1) 给定置信度 $1-\alpha$，对总体未知参数 θ 进行区间估计，置信区间的长度与置信度密切关联. 当 $1-\alpha$ 缩小时，置信区间的长度缩短；当 $1-\alpha$ 增大时，置信区间的长度增长.(　　)

(2) 在给定置信度 $1-\alpha$ 的情况下，总体未知参数 θ 的置信区间是唯一确定的.(　　)

3. 设有一组来自正态总体 $N(\mu,\sigma^2)$ 的样本观测值：

0.497，0.506，0.518，0.524，0.488，0.510，0.510，0.515，0.512.

(1) 已知 $\sigma=0.01$，求 μ 的置信区间(设置信度为 0.95)；

(2) 若 σ^2 未知，求 μ 的置信区间(设置信度为 0.95).

4. 某灯泡厂生产的灯泡寿命 X(单位:h)服从正态分布 $N(\mu,\sigma^2)$,现从某批灯泡中随机抽取 11 个进行寿命测试,测试结果如下:

1 050, 1 100, 1 080, 1 120, 1 200, 1 130, 1 250, 1 040, 1 130, 1 200, 1 130.

试求灯泡寿命的标准差 σ 的置信度为 0.95 的置信区间.

5. 某厂利用两条自动化流水线灌装番茄酱.经在两条流水线上抽取样本 $X_1, X_2, \cdots, X_{12}$ 及 $Y_1, Y_2, \cdots, Y_{17}$,计算出 $\overline{X}=10.6$ g,$\overline{Y}=9.5$ g,$S_1^2=2.4$ g^2,$S_2^2=4.7$ g^2.假设这两条流水线上灌装的番茄酱的质量都服从正态分布,且相互独立,其均值分别为 μ_1, μ_2.

(1) 设两个总体方差 $\sigma_1^2=\sigma_2^2$,求 $\mu_1-\mu_2$ 的置信水平为 95%的置信区间;

(2) 求 σ_1^2/σ_2^2 的置信水平为 95%的置信区间.

习题 6.3　非正态总体均值的置信区间

*1. 假定每次试验时，事件 A 发生的概率 p 未知. 若在 60 次独立试验中，A 发生 15 次. 求概率 p 的置信度为 0.95 的置信区间.

习题 6.4　单侧置信限

*1. 从汽车轮胎厂生产的某种轮胎中抽取 10 个样品进行磨损试验，直至轮胎磨损到破坏为止，测得它们的行驶路程(km)如下：

41 250，41 010，42 650，38 970，40 200，

42 550，43 500，40 400，41 870，39 800.

设汽车轮胎行驶路程服从正态分布 $N(\mu,\sigma^2)$，求：

(1) μ 的置信度为 95%的单侧置信下限；

(2) σ^2 的置信度为 95%的单侧置信上限.

第七章 假设检验

习题 7.1 假设检验的基本概念

1. 填空题：

(1) 设显著性水平为 α，当原假设 H_0 正确时，由于样本的随机性，做出了“拒绝接受假设”的决策，因而犯了错误. 这类错误称为________错误，犯该错误的概率为____________.

(2) 假设检验的步骤为

① ____;

② ____;

③ ____;

④ ____.

2. 选择题：

(1) 在一次假设检验中，下列说法错误的是(　　).

A. 假设检验方法的思想原理是小概率事件实际不发生

B. 拒绝区域的大小与显著性水平 α 有关

C. 拒绝原假设还是接受原假设需要根据检验统计量的值是否落入拒绝域判定

D. 若检验的结果作出了拒绝原假设 H_0 的决策，则原假设 H_0 一定是错误的

(2) 在假设检验中，用 α 和 β 分别表示犯第一类错误和第二类错误的概率，则当样本容量一定时，下列结论正确的是(　　).

A. α 减小，β 也减小

B. α 与 β 中的一个减小时另一个往往会增大

C. α 增大，β 也增大

D. A 和 C 同时成立

习题 7.2 正态总体参数的假设检验

1. 填空题:

(1) 设 $X_1,\cdots,X_n$ 为来自总体 $X\sim N(\mu,\sigma^2)$ 的样本,且 σ^2 已知. 检验假设 $H_0:\mu=\mu_0$(μ_0 为已知常数)时,选用统计量________________;当 H_0 成立时,该统计量服从____________分布.

*(2) 某种导线,要求其电阻的标准差不得超过 0.005 Ω. 今在生产的一批导线中取样品 9 根,测得 $s=0.007$ Ω. 设总体为正态分布,在显著性水平 $\alpha=0.05$ 下检验这批导线的标准差是否显著偏大,应该选取________检验方式,拒绝区域形式为_________________.

2. 选择题:

设总体 $X\sim N(\mu,\sigma^2)$,对参数 μ 进行假设检验. 如果在显著性水平 $\alpha=0.05$ 下接受了 $H_0:\mu=\mu_0$(μ_0 为已知常数),那么在显著性水平 $\alpha=0.01$ 下(　　).

A. 必接受 H_0　　B. 必拒绝 H_0

C. 可能接受也可能拒绝 H_0　　D. 不接受也不拒绝 H_0

3. 已知某炼铁厂铁水含碳量服从正态分布 $N(4.550,0.108^2)$,现观测了九炉铁水,其平均含碳量为 4.484. 如果方差没有变化,是否可以认为现在生产的铁水的平均含碳量仍为 4.550?($\alpha=0.05$)

4. 设某次考试的考生成绩服从正态分布. 从中随机抽取 36 名考生的成绩,算得平均成绩为 66.5 分,标准差为 15 分. 问在显著性水平 $\alpha=0.05$ 下,是否可以认为这次考试的考生的平均成绩为 70 分?

5. 某电池厂生产的电池寿命长期以来服从标准差为 80 h 的正态分布，现生产一批这种电池，为判断其寿命的波动性是否较以往有所变化，随机抽取容量为 26 的样本，测得样本标准差为 85 h. 问在显著性水平 0.05 下，这批电池寿命的波动性与以往相比是否有显著的差异？

6. 假设袋装食盐的净重 $X\sim N(\mu,\sigma^2)$，规定每袋食盐的标准重量为 $\mu=1$ kg，方差 $\sigma^2\leqslant 0.02^2$. 为检验包装生产线工作是否正常，从中随机抽取 9 袋，测得净重(kg)为

0.994，1.014，1.020，0.950，1.030，0.968，0.976，1.048，0.982.

计算结果如下：均值 $\bar{x}=0.998$，标准差 $s=0.032$. 请问：

(1) 这批袋装食盐的平均净重和规定重量是否有显著差异？($\alpha=0.05$)

(2) 这批袋装食盐净重的方差是否符合规定的标准？($\alpha=0.05$)

(3) 依据上述检验结果，你认为包装生产线工作是否正常？

7. 填空题：

(1) 设 $\overline{X}=\frac{1}{n}\sum_{i=1}^{n}X_i$ 为来自总体 $N(\mu_1,\sigma_1^2)$ 的样本均值，$\overline{Y}=\frac{1}{m}\sum_{i=1}^{m}Y_i$ 为来自总体 $N(\mu_2,\sigma_2^2)$ 的样本均值，两样本相互独立. 如果 σ_1 和 σ_2 已知，要求检验的假设为 $H_0:\mu_1=\mu_2$，则所选用的统计量为____________________________；当 H_0 成立时，该统计量服从__________分布.

(2) 设两个正态总体 $X\sim N(\mu_1,\sigma_1^2)$，$Y\sim N(\mu_2,\sigma_2^2)$ 相互独立，用它们各自的一个样本 $X_1,\cdots,X_{n_1}$；$Y_1,\cdots,Y_{n_2}$ 来检验假设 $H_0:\sigma_1^2=\sigma_2^2$. 在 H_0 成立的情况下，统计量 $F=\frac{S_1^2}{S_2^2}$ 服从__________分布.

8. 选择题：

设正态总体 $X\sim N(\mu_1,\sigma^2)$，$Y\sim N(\mu_2,\sigma^2)$（σ^2 未知），X 与 Y 相互独立，分别抽取样本 $X_1,\cdots,X_n$；$Y_1,\cdots,Y_n$，检验假设 $H_0:\mu_1=\mu_2$，应选用的统计量为（　　）.

A. $\frac{\overline{X}-\overline{Y}}{\sqrt{S_1^2+S_2^2}}\sqrt{n-1}$　　B. $\frac{\overline{X}-\overline{Y}}{\sqrt{S_1^2+S_2^2}}\frac{1}{\sqrt{n-1}}$

C. $\frac{\overline{X}-\overline{Y}}{\sqrt{S_1^2+S_2^2}}\sqrt{n}$　　D. $\frac{\overline{X}-\overline{Y}}{\sqrt{S_1^2+S_2^2}}\frac{1}{\sqrt{n}}$

9. 设用甲、乙两种方法生产同一种药品，其成品得率的方差分别为 $\sigma_1^2=0.46$，$\sigma_2^2=0.37$. 现测得甲方法生产的药品得率的 25 个数据，得 $\bar{x}=3.81$；乙方法生产的药品得率的 30 个数据，得 $\bar{y}=3.56$（单位：g/L）. 设药品得率服从正态分布，问甲、乙两种方法的药品平均得率是否有显著差异？（$\alpha=0.05$）

10. 有甲、乙两台机床,加工同样的产品,从这两台机床加工的产品中随机地抽取若干产品,测得产品直径为(单位:mm)

甲 20.5,19.8,19.7,20.4,20.1,20.0,19.6,19.9;

乙 19.7,20.8,20.5,19.8,19.4,20.6,19.2.

试比较甲、乙两台机床加工的精度有无显著差异?($\alpha=0.05$)

11. 为比较甲、乙两种安眠药的疗效,将 20 名患者分成两组,每组 10 人.设服药后延长的睡眠时间分别近似服从正态分布,其数据如下表所示:

安眠药	a	b	c	d	e	f	g	h	i	j
甲	1.9	0.8	1.1	0.1	−0.1	4.4	5.5	1.6	4.6	3.4
乙	0.7	−1.6	−0.2	−1.2	−0.1	3.4	3.7	0.8	0	2.0

问在显著性水平 $\alpha=0.05$ 下,两种安眠药的疗效有无显著差异?

*12. 环保公司利用新旧两种方法合成新型纳米吸附剂，通过考查对染料红的吸附率模拟吸附效果. 对于浓度为 10 mg/L 的染料红，两种方法的吸附效果(吸附百分率，%)检测如下表所示：

新方法	90	86	85	84	85	87	91	88	86
旧方法	83	81	82	88	86	78	79	89	80

设测定数据均服从正态分布，

(1) 能否认为新方法的吸附效果显著优于旧方法？($\alpha=0.05$)

(2) 若新方法显著优于旧方法，那么新方法的吸附效果较旧方法提高了多少？($1-\alpha=0.95$)

第八章 方差分析与回归分析

*习题 8.1 单因素试验方差分析

1. 填空题：

(1) 在使用单因素试验方差分析方法时，需要满足的基本条件是____________、____________、____________.

(2) 在单因素试验方差分析中，因素 A 有 k 个水平 $A_1, A_2, \cdots, A_k$，检验的原假设 H_0：________________，备择假设 H_1：________________.

2. 一批由相同原料织成的布，用 5 种不同的染整工艺处理，然后进行缩水试验. 设每种工艺处理 4 块布样，测得缩水率的结果如下表所示：

布样号	缩水率				
	A_1	A_2	A_3	A_4	A_5
1	4.3	6.1	6.5	9.3	9.5
2	7.8	7.3	8.3	8.7	8.8
3	3.2	4.2	8.6	7.2	11.4
4	6.5	4.1	8.2	10.1	7.8

问不同的工艺对布的缩水率是否有显著的影响？($\alpha=0.01$)

*习题 8.2　双因素试验方差分析

1. 填空题：

在双因素无重复试验方差分析中，因素 A 有 k 个水平 $A_1, A_2, \cdots, A_k$，因素 B 有 l 个水平 $B_1, B_2, \cdots, B_l$，每对水平组合下只做一次试验，试验数据为 x_{ij}（$i=1,2,\cdots,k$；$j=1,2,\cdots,l$），则总平方和分解式为__________________，总自由度分解式为__________________.

2. 在某种化工产品的生产过程中，选择 3 种浓度：$A_1=2\%$，$A_2=4\%$，$A_3=6\%$；4 种温度：$B_1=10$ ℃，$B_2=24$ ℃，$B_3=38$ ℃，$B_4=52$ ℃. 每种浓度和温度的组合都重复试验 2 次，得到产品的收率如下：

浓度/%	温度/℃			
	B_1	B_2	B_3	B_4
A_1	10	11	9	10
	14	11	13	12
A_2	7	8	7	6
	9	10	11	10
A_3	5	13	12	10
	11	14	13	14

试利用 Excel 的数据分析工具库分析不同的浓度、不同的温度，以及不同浓度与不同温度的交互作用对产品的收率是否有影响.（$\alpha=0.05$）

3. 某市空气质量检测站在该市不同时间、不同地点对空气中的颗粒状物进行监测，数据如下：

因素 A(时间)	因素 B(地点)				
	B_1	B_2	B_3	B_4	B_5
A_1	76	67	81	56	51
A_2	82	69	96	59	70
A_3	68	59	67	54	42
A_4	63	56	64	58	37

欲解决的问题是“不同时间、不同地点空气中的颗粒状物是否有区别”，请回答以下问题：

(1) 写出检验的原假设和备择假设；

(2) 写出检验统计量及拒绝区域的形式；

(3) 完成 Excel 输出的表格：

差异源	SS	df	MS	F
因素 A	1 182.95			
因素 B	1 947.50			
误差				—
总计	3 571.75		—	—

(4) 根据输出及拒绝域，给出你的判断.

*习题 8.3　一元线性回归

1. 填空题：

(1) 一元线性回归方程 $y=\beta_0+\beta_1 x$ 参数的最小二乘估计 $\hat{\beta}_1=$________，$\hat{\beta}_0=$________.

(2) 由样本 $(x_1,y_1),\cdots,(x_n,y_n)$ 建立一元线性经验回归方程 $\hat{y}=\hat{\beta}_0+\hat{\beta}_1 x$. 当 $x=x_0$ 时，y 的值 y_0 的预测区间是____________.

2. 在钢线碳含量 x(%)对于电阻 y(20 ℃时，$\mu\Omega$)效应的研究中，得到以下数据：

x	0.01	0.30	0.40	0.55	0.70	0.80	0.95
y	15	18	19	21	22.6	23.8	26

设给定的 x，y 为正态变量，且方差与 x 无关.

(1) 求线性回归方程 $\hat{y}=\hat{\beta}_0+\hat{\beta}_1 x$；

(2) 检验回归方程的显著性($\alpha=0.05$)；

(3) 求 β_1 的置信区间(置信水平为 0.95)；

(4) 求 y 在 $x=0.50$ 处的置信水平为 0.95 的预测区间.

3. 从某林场随机抽取了 100 株云杉，测量其胸径和树高数据，并按龄级分组得平均胸径 D 和平均树高 H，列表如下：

平均胸径 D/cm	15	20	25	30	35	40	45	50
平均树高 H/m	13.5	17.1	20.0	22.1	24.0	25.6	27.0	28.3

(1) 试选择合适的函数建立 H 关于 D 的回归方程；

(2) 在平均胸径 D 为 28 cm 时，求平均树高 H 的预测值.

Ⅱ 模拟试卷

专业班级______________　姓名______________　学号______________

概率论与数理统计模拟试卷 A

（总分：100 分）

一、填空题（每小题 3 分，共 15 分）

1. 设 A,B,C 为三个事件，则 A,B,C 中至少有两个事件发生可以表示为______________________________.

2. 设随机事件 A 与 B 相互独立，$P(A)=P(B)=0.5$，则 $P(A\cup B)=$________.

3. 已知 $E(X)=1,D(X)=2$，则 $E[2(X^2+3)]=$________.

4. 设随机变量 $X\sim U[0,1]$，由切比雪夫不等式可得 $P\left\{\left|X-\frac{1}{2}\right|\geqslant\frac{1}{\sqrt{3}}\right\}\leqslant$________.

5. 设随机变量 X 与 Y 相互独立，且 $X\sim N(0,5)$，$Y\sim\chi^2(5)$，则随机变量 $Z=\frac{X}{\sqrt{Y}}$所服从的分布为________.

二、单项选择题（每小题 3 分，共 15 分）

1. 设事件 A 与 B 互不相容，且 $P(A)>0$，$P(B)>0$，则下列选项中正确的是(　　).

A. $P(A\cup B)=P(A)+P(B)$　　B. $P(AB)=P(A)P(B)$

C. $A=\overline{B}$　　D. $P(A|B)=P(A)$

2. 设随机变量 $X\sim N(\mu,\sigma^2)$，则随着 σ 的增大，概率 $P\{|X-\mu|<\sigma\}$的变化是(　　).

A. 单调增大　　B. 单调减小

C. 保持不变　　D. 增减不定

3. 设随机变量 $X\sim B(n,p)$，已知 $E(X)=0.5$，$D(X)=0.475$，则 n,p 的值为(　　).

A. $n=10,p=0.05$　　B. $n=5,p=0.3$

C. $n=10,p=0.1$　　D. $n=5,p=0.1$

4. 设随机变量 X 与 Y 都服从标准正态分布 $N(0,1)$，且 X 与 Y 相互独立，则下列结论错误的是(　　).

A. $X+Y$ 服从正态分布　　B. X^2+Y^2服从 t 分布

C. X^2和 Y^2都服从 χ^2分布　　D. $\frac{X^2}{Y^2}$服从 F 分布

5. 设 X 与 Y 为两个随机变量，已知相关系数 $\rho_{XY}=0$，则下列选项中不正确的是(　　).

A. $\mathrm{Cov}(X,Y)=0$　　B. $E(XY)=E(X)E(Y)$

C. $D(X-Y)=D(X)+D(Y)$　　D. $D(XY)=D(X)D(Y)$

三、计算题（每小题 9 分，共 63 分）

1. 甲胎蛋白是肝癌筛查的重要指标. 研究资料表明，肝癌患者甲胎蛋白检查呈阳性的概率是 0.95，非肝癌患者甲胎蛋白检查呈阴性的概率是 0.9. 已知某地肝癌发病率为 0.04%，问该地区甲胎蛋白检查呈阳性的患者确实是肝癌患者的概率是多少？

2. 设连续型随机变量 X 的分布函数为

$$F(x)=\begin{cases}A+Be^{-\frac{x^2}{2}}, & x>0,\\ 0, & x\leqslant 0.\end{cases}$$

(1) 求常数 A 和 B；

(2) 求随机变量 X 的密度函数；

(3) 计算 $P(1<X<2)$.

3. 设 (X,Y) 服从 $G=\{(x,y)\mid 0\leqslant x\leqslant 2,0\leqslant y\leqslant 1\}$ 上的均匀分布，试求：

(1) (X,Y) 的联合密度函数；

(2) X 和 Y 的边缘密度函数，并判断 X 与 Y 是否相互独立.

4. 袋装茶叶用机器装袋，每袋的净重为相互独立的随机变量，其期望值为 100 g，标准差为 10 g. 现在一大盒内装 200 袋茶叶，利用中心极限定理求一大盒茶叶净重大于 20.5 kg 的概率.

5. 假设总体 X 的密度函数为

$$f(x)=\begin{cases}(\theta+1)x^{\theta}, & 0<x<1,\\ 0, & \text{其他},\end{cases}$$

其中，$\theta>-1$ 是未知参数，$X_1,X_2,\cdots,X_n$ 是来自总体 X 的一个容量为 n 的简单随机样本，试分别求 θ 的矩估计量和最大似然估计量.

6. 某厂生产的零件质量服从正态分布 $N(\mu,\sigma^2)$，现从该厂生产的零件中抽取9 个，测得其质量(单位：g)为

45.3，45.4，45.1，45.3，45.5，45.7，45.4，45.3，45.6.

试求零件质量总体标准差 σ 在置信水平 0.95 的置信区间.

7. 在甲、乙两苗圃内培育同一种苗木，从苗圃中各抽取若干株测得苗高值(单位：cm)如下：

甲苗圃　36，87，41，22，34，49，72，53，67，28；

乙苗圃　58，47，39，42，23，67，73，38.

计算得 $\bar{x}_{甲}=48.9$，$\bar{x}_{乙}=48.375$，$s_{甲}^2=437.88$，$s_{乙}^2=275.41$.

设苗高服从正态分布，试检验两苗圃内苗高的方差是否有显著差异. $(\alpha=0.05)$

四、证明题(7 分)

设总体 $X\sim N(\mu,\sigma^2)$，$X_1,X_2,\cdots,X_n$ 是来自 X 的一个样本，试证明构造的统计量 $\dfrac{1}{2(n-1)}\sum\limits_{i=1}^{n-1}(X_{i+1}-X_i)^2$ 是 σ^2 的无偏估计量.

已知 $\chi^2_{0.025}(8)=17.534\,5$，$\chi^2_{0.975}(8)=2.179$，$\chi^2_{0.05}(8)=15.507\,3$，$\chi^2_{0.95}(8)=2.732\,6$，
$F_{0.025}(9,7)=4.82$，$F_{0.05}(9,7)=3.676\,7$，$F_{0.025}(7,9)=4.20$，$F_{0.05}(7,9)=3.292\,7$，
$F_{0.025}(10,8)=4.30$，$F_{0.05}(10,8)=3.35$，$F_{0.025}(8,10)=3.85$，$F_{0.05}(8,10)=3.07$，
$\Phi(3.535)=0.999\,8$.

专业班级____________ 姓名____________ 学号____________

概率论与数理统计模拟试卷 B

（总分：100 分）

一、填空题（每小题 3 分，共 15 分）

1. 设 A,B,C 表示三个事件，用事件的关系及运算表示 A,B,C 中不多于两个事件发生：____________.

2. 已知事件 A,B，$P(A)=0.6$，$P(AB)=P(\overline{A}\overline{B})$，则 $P(B)=$____________.

3. 设 $X\sim N(0,4)$，$Y\sim B(100,0.1)$，$\rho_{XY}=-\frac{1}{2}$，$Z=2X-\frac{1}{3}Y$，则 $D(Z)=$____________.

4. 设随机变量 X 服从 $[a,b]$ 上的均匀分布，令 $Y=-2X+1$，则随机变量 Y 的密度函数为____________.

5. 已知总体 $X\sim N(0,1)$，$X_1,X_2,\cdots,X_n,X_{n+1}$ 是来自总体 X 的样本，则统计量 $Y=\frac{X_1^2+X_2^2+\cdots+X_n^2}{nX_{n+1}^2}$ 所服从的分布为____________.

二、单项选择题（每小题 3 分，共 15 分）

1. 设 A,B 为事件，且 $A\subset B$，则下列选项中一定正确的是（　　）.

A. $P(A\cup B)=P(A)$　　B. $P(BA)=P(A)$

C. $P(AB)=P(B)$　　D. $P(A-B)=P(A)-P(B)$

2. 掷一枚质地均匀的骰子，则在出现奇数点的条件下出现 3 点的概率为（　　）.

A. $\frac{1}{3}$　　B. $\frac{2}{3}$　　C. $\frac{1}{6}$　　D. $\frac{3}{6}$

3. 设 $X\sim N(1,4)$，密度函数为 $f(x)$，分布函数为 $F(x)$，则（　　）.

A. $P(X\leqslant 1)=P(X\geqslant 1)$　　B. $P(X\leqslant 0)=P(X\geqslant 0)$

C. $f(x)=f(-x)$，$x\in\mathbf{R}$　　D. $F(x)=1-F(-x)$，$x\in\mathbf{R}$

4. 设 X_1,X_2 是来自正态总体 $N(\mu,1)$ 的容量为 2 的样本，其中 μ 为未知参数，下列四个关于 μ 的估计量中，在 μ 的无偏估计量中最有效的是（　　）.

A. $\frac{2}{3}X_1+\frac{1}{3}X_2$　　B. $\frac{1}{4}X_1+\frac{1}{4}X_2$

C. $\frac{1}{2}X_1+\frac{1}{2}X_2$　　D. $\frac{2}{5}X_1+\frac{3}{5}X_2$

5. 设随机变量 $X_1,X_2,\cdots,X_n$ 独立同分布，方差为 σ^2，令 $Y=\frac{1}{n}\sum_{i=1}^{n}X_i$，则（　　）.

A. $\mathrm{Cov}(X_1,Y)=\sigma^2$　　B. $\mathrm{Cov}(X_1,Y)=\frac{\sigma^2}{n}$

C. $D(X_1+Y)=\frac{n+2}{n}\sigma^2$　　D. $D(X_1-Y)=\frac{n+1}{n}\sigma^2$

三、计算题(每小题 9 分,共 63 分)

1. 某工厂拥有四种不同的机床,其中车床、钻床、磨床和刨床的数量比为 9∶3∶2∶1,它们在一定时间内需要修理的概率比为 1∶2∶3∶1.

(1) 求机床需要修理的概率;(2) 当有一台机床需要修理时,求这台机床是车床的概率.

2. 设连续型随机变量 X 的分布函数为 $F(x)=\begin{cases} A+Be^{-2x}, & x>0, \\ 0, & x\leqslant 0. \end{cases}$

试求:(1) A,B 的值;(2) 密度函数 $f(x)$;(3) $P(-1<X<1)$.

3. 设二维随机变量 (X,Y) 的密度函数为 $f(x,y)=\begin{cases} \frac{1}{4}, & |y|<x,0<x<2, \\ 0, & \text{其他}. \end{cases}$

(1) 求边缘密度函数 $f_X(x),f_Y(y)$;(2) 判断 X 与 Y 是否独立;(3) 判断 X 与 Y 是否相关.

4. 一个复杂的系统由 100 个相互独立起作用的部件构成. 在整个运行期间,每个部件损坏的概率为 0.1,为了使整个系统起作用,至少需要有 85 个部件工作. 求整个系统起作用的概率.

5. 设总体 X 的密度函数为 $f(x)=\begin{cases} \sqrt{\theta}x^{\sqrt{\theta}-1}, & 0<x<1, \\ 0, & \text{其他}, \end{cases}$ $\theta>0$ 未知,$X_1,X_2,\cdots,X_n$ 为来自总体的一个样本. 求:(1) 参数 θ 的矩估计 $\hat{\theta}_1$;(2) θ 的极大似然估计 $\hat{\theta}_2$.

6. 假设 13.5~14.5 岁男孩的身高 $X\sim N(\mu,\sigma^2)$,现调查某地区 265 个 13.5~14.5 岁男孩,计算得 $\bar{x}=1.57$ m,$s=0.077$ m,求 μ 的置信水平为 0.95 的置信区间.

7. 一名教师教 A 和 B 两个班级的同一门课程,从 A 班抽取 26 名学生,B 班抽取 16 名学生,两个样本相互独立. 在同一次测验中,A 班成绩的样本标准差为 $s_1=12$,B 班成绩的样本标准差为 $s_2=9$,假设 A,B 两班测验成绩分别服从正态分布 $N(\mu_1,\sigma_1^2)$,$N(\mu_2,\sigma_2^2)$. 在显著性水平 $\alpha=0.1$ 下,试检验 A 班和 B 班测验成绩的标准差是否有显著差异.

四、证明题(7 分)

设总体 X 服从参数为 λ 的泊松分布,即 $P(X=k)=\frac{\lambda^k}{k!}e^{-\lambda}(k=0,1,2,\cdots)$,$X_1,X_2,\cdots,X_n$ 为样本,证明 $\frac{1}{n}\sum_{i=1}^{n}X_i^2-\overline{X}$ 是 λ^2 的无偏估计.

已知 $\Phi(1.67)=0.9525$,$t_{0.025}(264)=1.96$,$F_{0.05}(25,15)=2.28$,$F_{0.05}(15,25)=2.09$,$F_{0.025}(25,15)=2.68$,$F_{0.025}(15,25)=2.41$.

专业班级______________ 姓名______________ 学号______________

概率论与数理统计模拟试卷C

（总分：100分）

一、填空题（每小题3分，共15分）

1\. 已知 $P(A)=0.4, P(A\cup B)=0.7$，则当事件 A,B 互不相容时，$P(\overline{A}B)=$________.

2\. 设随机变量 $X\sim N(2,3^2)$，$Y\sim U(0,6)$，若 $Z=2X-3Y-1$，则 $E(Z)=$________.

3\. 设 (X,Y) 服从二维正态分布，则 $\mathrm{Cov}(X,Y)=0$ 是 X 与 Y 相互独立的________条件.

4\. 设随机变量 $X\sim P(\lambda)$，则由切比雪夫不等式有 $P(|X-\lambda|\geqslant 2\sqrt{\lambda})\leqslant$________.

5\. 假设总体 X 服从正态分布 $N(\mu,8)$，参数 μ 未知，欲抽取样本 $X_1,X_2,\cdots,X_n$ 使得参数 μ 的置信水平0.95的置信区间长度 l 不超过1，则样本容量 n 至少为________.

二、单项选择题（每小题3分，共15分）

1\. 设 A,B 是任意两个事件，则 $P(A-B)=$(　　).

A. $P(A)-P(B)$　　B. $P(A)+P(B)-P(AB)$

C. $P(A)-P(B)+P(AB)$　　D. $P(A)-P(AB)$

2\. 若随机变量 X 与 Y 相互独立，且 $X\sim N(1,2)$，$Y\sim N(1,3)$，则 $2X-Y\sim$(　　).

A. $N(1,1)$　　B. $N(3,11)$

C. $N(0,1)$　　D. $N(1,11)$

3\. 设 X 的密度函数为 $f(x)=\begin{cases}4x^3, & 0<x<1,\\ 0, & 其他,\end{cases}$ 则使 $P(X>a)=P(X<a)$ 成立的常数 $a=$(　　).

A. $\dfrac{1}{\sqrt[4]{2}}$　　B. $\sqrt[4]{2}$　　C. $\dfrac{1}{2}$　　D. $1-\dfrac{1}{\sqrt[4]{2}}$

4\. 假设随机变量 X 服从正态分布 $N(\mu,\sigma^2)$（μ 未知），$X_1,X_2,\cdots,X_n$ 是来自 X 的一个样本，则下列随机变量中是 σ^2 的最大似然估计的是(　　).

A. $\dfrac{1}{n}\sum\limits_{i=1}^{n}X_i$　　B. $\dfrac{1}{n-1}\sum\limits_{i=1}^{n}(X_i-\overline{X})^2$

C. $\dfrac{1}{n}\sum\limits_{i=1}^{n}(X_i-\mu)^k$　　D. $\dfrac{1}{n}\sum\limits_{i=1}^{n}(X_i-\overline{X})^2$

5\. 设总体 $X\sim N(\mu,\sigma^2)$，$X_1,X_2,\cdots,X_n$ 是来自 X 的一个样本，无论总体方差 σ^2 是否已知，总体均值 μ 的置信度为 $1-\alpha$ 的置信区间的中心都是(　　).

A. μ　　B. $\overline{X}$　　C. σ^2　　D. S^2

三、计算题（每小题9分，共63分）

1\. 设在某二手车市场，约有5%的汽车是被水泡过的，而被水泡过的车约有80%会出现发动机故障，没有被水泡过的二手车出现发动机故障的概率是10%. 求：

(1) 任提一辆二手车，出现发动机故障的概率；

(2) 若提的二手车出现了发动机故障，问该车被水泡过的概率是多少？（计算结果保留四位小数）

2. 设随机变量 X 的分布列为

X	-2	-1	0	1
P	$\frac{1}{6}$	$\frac{1}{3}$	$\frac{1}{6}$	$\frac{1}{3}$

试求：(1) $P(X>0 \mid -1 \leqslant X \leqslant 1)$；(2) $Z=X^2+1$ 的分布列；(3) $E(X)$.

3. 设二维连续型随机变量 (X,Y) 的联合密度函数为

$$f(x,y)=\begin{cases} k(x+y), & 0<x<2, 1<y<3, \\ 0, & \text{其他}. \end{cases}$$

求：(1) k 的值；(2) X 与 Y 的边缘密度函数，并讨论 X 与 Y 的独立性；(3) $P(X<1,Y<2)$.

4. 在人寿保险公司里有 10 000 个同一年龄段的人参加某种人寿保险. 在这一年中，这个年龄段的死亡率为 0.6%，参加保险的人在一年的头一天交付保险费 12 元，如亡故家属可以从保险公司领取 1 000 元. 求保险公司该项业务一年中获利不少于 60 000 元的概率 .

5. 对仓库中的产品进行检验，现在独立有放回地抽检 n 次，发现有 k 件次品，试求产品次品率 p 的最大似然估计.

6. 从一灯泡厂随机抽 5 只灯泡做寿命试验，测得灯泡寿命（以小时计）为 1 050，1 100，1 120，1 250，1 280，算得 $\bar{x}=1\,160$，$s^2=9\,950$. 设灯泡寿命服从正态分布，求灯泡平均寿命 μ 置信水平为 0.95 的置信区间 .

7. 某酿酒厂有两条生产规格为 750 mL 的灌装葡萄酒生产线，定期检查生产质量. 某一天抽检结果如下：第一条生产线抽取 8 瓶，测得样本平均容量为 752 mL，样本标准差为 10.04 mL；第二条生产线抽取 10 瓶，测得样本平均容量为 746 mL，样本标准差为8.86 mL. 假设瓶装葡萄酒的容量都服从正态分布. 这两条生产线灌装酒的平均容量是否有显著差异？（显著性水平 $\alpha=0.05$）

四、证明题（7 分）

设总体 X 的期望 $E(X)=\mu$，方差 $D(X)=\sigma^2$ 都存在，$X_1,X_2,\cdots,X_n$ 为来自总体 X 的一个样本，样本均值为 $\overline{X}=\frac{1}{n}\sum\limits_{i=1}^{n}X_i$，证明 $D(\overline{X})=\frac{\sigma^2}{n}$.

已知 $\Phi(1.5)=0.933\,2$，$\Phi(2.5)=0.993\,8$，$\Phi(3.54)=0.999\,8$，$u_{0.05}=1.645$，$u_{0.025}=1.96$，$t_{0.025}(4)=2.776$，$t_{0.025}(5)=2.571$，$t_{0.025}(16)=2.120$，$t_{0.05}(16)=1.746$，$F_{0.025}(7,9)=4.20$，$F_{0.025}(9,7)=4.82$，$F_{0.05}(7,9)=3.29$，$F_{0.05}(9,7)=3.68$.

专业班级______________ 姓名______________ 学号______________

概率论与数理统计模拟试卷 D

（总分：100 分）

一、填空题（每小题 3 分，共 15 分）

1. 设 A,B,C 为三个事件，则"A,B,C 中至少有一个不发生"这一事件可以表示为____________________.

2. 已知 10 件产品中有 4 件次品，现从中不放回地任取 2 件，则第 2 件为次品的概率为________.

3. 设 $X\sim N(1,4)$，且 C 满足 $P(X>C)=P(X\leqslant C)$，则 $C=$________.

4. 设随机变量 X_1,X_2,X_3 相互独立，其中 $X_1\sim U(0,6)$，$X_2\sim N(0,4)$，$X_3\sim P(3)$，记 $Y=X_1-2X_2+3X_3$，则 $D(Y)=$________.

5. 在假设检验中，原假设 H_0 错误，却接受了它，称之为第________类错误.

二、单项选择题（每小题 3 分，共 15 分）

1. 设随机变量 $X\sim N(0,1)$，其分布函数为 $\Phi(x)$，则 $\Phi(0)=$(　　).

A. 0　　B. 1　　C. $\dfrac{1}{\sqrt{2\pi}}$　　D. $\dfrac{1}{2}$

2. 设 A 与 B 为对立事件，$0<P(B)<1$，则下列选项中概率值为 1 的是(　　).

A. $P(\bar{A}|\bar{B})$　　B. $P(B|A)$　　C. $P(\bar{A}|B)$　　D. $P(AB)$

3. 甲、乙、丙三人各自独立地向一目标射击一次，三人的命中率分别是 0.5，0.6，0.7，则目标被击中的概率为(　　).

A. 0.95　　B. 0.92　　C. 0.94　　D. 0.90

4. 设 X 与 Y 为两个随机变量，已知 $\mathrm{Cov}(X,Y)=0$，则必有(　　).

A. X 与 Y 相互独立　　B. $D(XY)=D(X)D(Y)$

C. $E(XY)=E(X)E(Y)$　　D. 以上都不对

5. 设总体 $X\sim N(\mu,\sigma^2)$，X_1,X_2,X_3 是从 X 中抽取的简单随机样本，下列函数中不是 μ 的无偏估计的是(　　).

A. X_1　　B. $X_1+X_2+X_3$

C. $0.3X_1+0.2X_2+0.5X_3$　　D. $\dfrac{1}{3}(X_1+X_2+X_3)$

三、计算题（每小题 9 分，共 63 分）

1. 按以往"概率论"考试结果分析，努力学习的学生有 90%的可能考试及格，不努力学习的学生有 90%的可能考试不及格. 据调查，学生中有 80%的人是努力学习的，试求：

(1) 这些学生考试及格的概率；

(2) 考试及格的学生有多大可能是不努力学习的人？

2. 设随机变量 X 的密度函数为

$$f(x)=\begin{cases} kx^3, & 0\leqslant x\leqslant 1, \\ 0, & \text{其他}. \end{cases}$$

求：(1) k 的值；(2) $P\left(\frac{1}{2}<X<2\right)$；(3) $E(X)$，$D(X)$；(4) 已知 $Y=2X+1$，求 Y 的密度函数 $f_Y(y)$.

3. 设随机变量(X,Y)的联合密度函数为 $f(x,y)=\begin{cases} 12\mathrm{e}^{-3x-4y}, & x>0, y>0, \\ 0, & \text{其他}. \end{cases}$

求：(1) $P(X<1,Y<1)$；(2) 随机变量 X,Y 的边缘密度函数 $f_X(x)$，$f_Y(y)$；(3) 判断 X 与 Y 是否相互独立.

4. 对某批产品进行抽样检查，每次抽到不合格产品的概率为 0.005. 现独立重复抽取 10 000 件产品，利用中心极限定理计算其中不合格品数不多于 70 件的概率为多少？

5. 设总体 X 的密度函数为 $f(x)=\begin{cases} \lambda\mathrm{e}^{-\lambda x}, & x>0 \\ 0, & x\leqslant 0 \end{cases}$，$X_1, X_2, \cdots, X_n$ 是来自总体 X 的简单随机样本，求 λ 的矩估计和最大似然估计.

6. 某厂生产一批金属材料，其抗弯强度服从正态分布，现从这批金属材料中抽取 11 个测试件，测得它们的抗弯强度为(单位：kg)

42.5，42.7，43.0，42.3，43.4，44.5，44.0，43.8，44.1，43.9，43.7.

试求这批金属材料抗弯强度均值 μ 和标准差 σ 的置信度为 0.9 的置信区间.

7. 在正常状态下，某种品牌的香烟一支平均 1.1 g. 现从这种香烟堆中任取 36 支作为样本，测得样本均值为 $\bar{x}=1.008$ g，样本方差 $s^2=0.1\ \mathrm{g}^2$. 问这堆香烟是否处于正常状态？已知香烟(支)的质量(g)近似服从正态分布.(取 $\alpha=0.05$)

四、证明题(7 分)

设随机变量 X 与 Y 相互独立且 $X\sim N(\mu,\sigma^2)$，$Y\sim\chi^2(n)$，证明 $T=\frac{X-\mu}{\sqrt{Y}\sigma}\sqrt{n}$服从 $t(n)$.

已知 $\chi^2_{0.05}(10)=18.307$，$\chi^2_{0.05}(11)=19.675$，$\chi^2_{0.95}(10)=3.94$，$\chi^2_{0.95}(11)=4.575$，$\Phi(2.59)=0.9952$，$t_{0.025}(35)=2.0301$，$t_{0.05}(35)=1.689$，$t_{0.05}(10)=1.812$，$t_{0.05}(11)=1.796$，$\Phi(2.84)=0.9977$.

概率论与数理统计模拟试卷 A 参考答案

一、填空题(每小题 3 分,共 15 分)

1. $AB\cup BC\cup AC$　2. 0.75　3. 12　4. 0.25　5. $t(5)$

二、单项选择题(每小题 3 分,共 15 分)

1. A　2. C　3. A　4. B　5. D

三、计算题(每小题 9 分,共 63 分)

1. 令 $C=\{$被检查者患肝癌$\}$, $A=\{$被检查者甲胎蛋白呈阳性$\}$. 　1 分

由题意知 $P(C)=0.000\,4$, $P(A|C)=0.95$, $P(\overline{A}|\overline{C})=0.9$. 　2 分

故 $P(\overline{C})=1-0.000\,4=0.999\,6$, $P(A|\overline{C})=1-0.9=0.1$. 　2 分

由贝叶斯公式得 $P(C|A)=\dfrac{P(C)P(A|C)}{P(C)P(A|C)+P(\overline{C})P(A|\overline{C})}=0.003\,8$. 　4 分

2. (1) 由 $F(+\infty)=1$ 知 $A=1$;由 $F(x)$ 在点 $x=0$ 处连续知 $\lim\limits_{x\to 0^-}F(x)=0$, $\lim\limits_{x\to 0^+}F(x)=A+B$,即 $A+B=0$,故 $B=-1$. 故

$$F(x)=\begin{cases}0, & x\leqslant 0,\\ 1-e^{-\frac{x^2}{2}}, & x>0.\end{cases}$$
3 分

(2) 在 $F(x)$ 导数存在的点处有 $f(x)=F'(x)$,所以,

$$f(x)=\begin{cases}0, & x\leqslant 0,\\ xe^{-\frac{x^2}{2}}, & x>0.\end{cases}$$
3 分

(3) $P(1<X<2)=F(2)-F(1)=(1-e^{-2})-(1-e^{-\frac{1}{2}})=e^{-\frac{1}{2}}-e^{-2}$. 　3 分

3. (1) $f(x,y)=\begin{cases}\dfrac{1}{2}, & 0\leqslant x\leqslant 2, 0\leqslant y\leqslant 1,\\ 0, & 其他.\end{cases}$ 　3 分

(2) 当 $0\leqslant x\leqslant 2$ 时, $f_X(x)=\int_0^1\dfrac{1}{2}dy=\dfrac{1}{2}$. 　2 分

当 $0\leqslant y\leqslant 1$ 时, $f_Y(y)=\int_0^2\dfrac{1}{2}dx=1$. 　2 分

因为 $f(x,y)=f_X(x)\cdot f_Y(y)$,故 X 与 Y 相互独立. 　2 分

4. 令 X_i 表示第 i 袋茶叶的质量,由题意知 $\mu=E(X_i)=100$, $\sigma(X_i)=10$. 　2 分

令 $X=\sum\limits_{i=1}^{200}X_i$,则 $P(X>20\,500)=P(X-20\,000>500)=1-P(X-20\,000\leqslant 500)$.

2 分

由中心极限定理得 $P(X-20\,000\leqslant 500)=P\left(\dfrac{X-20\,000}{\sqrt{200}\times 10}\leqslant\dfrac{500}{\sqrt{200}\times 10}\right)=\Phi(3.535)=0.999\,8$.

故 $P(X>20\,500)=1-0.999\,8=0.000\,2$. 　5 分

5. 因为 $E(X)=\int_{-\infty}^{+\infty}xf(x)\mathrm{d}x=\int_0^1(\theta+1)x^{\theta+1}\mathrm{d}x=\frac{\theta+1}{\theta+2}$, 2 分

由矩估计法知 $E(X)=\frac{\theta+1}{\theta+2}=\overline{X}$,解得 θ 的矩估计为 $\hat{\theta}=\frac{2\overline{X}-1}{1-\overline{X}}$. 2 分

似然函数 $L(\theta)=\prod_{i=1}^{n}f(x_i,\theta)=(\theta+1)^n\prod_{i=1}^{n}x_i^{\theta}$,则

$$\ln L(\theta)=n\ln(\theta+1)+\theta\ln\prod_{i=1}^{n}x_i.$$ 2 分

由 $\frac{\mathrm{d}\ln L(\theta)}{\mathrm{d}\theta}=\frac{n}{\theta+1}+\ln\prod_{i=1}^{n}x_i=0$,解得 θ 的最大似然估计为

$$\hat{\theta}=-1-\frac{n}{\sum_{i=1}^{n}\ln X_i}.$$ 1 分

6. 由样本算得 $s^2=0.032\,5$. 1 分

对于 $1-\alpha=0.95,\alpha=0.05,\chi^2_{0.975}(8)=2.179\,7,\chi^2_{0.025}(8)=17.534\,5$, 2 分
所以 σ^2 的置信区间为

$$\left[\frac{(n-1)s^2}{\chi^2_{0.025}(8)},\frac{(n-1)s^2}{\chi^2_{0.975}(8)}\right]=\left[\frac{0.26}{17.534\,5},\frac{0.26}{2.179\,7}\right]=[0.014\,8,0.119\,3].$$ 4 分

从而 σ 在置信水平 0.95 的置信区间为[0.121 8,0.345 4]. 2 分

7. 假设 $H_0:\sigma_1^2=\sigma_2^2;H_1:\sigma_1^2\neq\sigma_2^2$. 2 分

选取统计量 $F=\frac{s_1^2}{s_2^2}$, 当 H_0 成立时,$F\sim F(n_1-1,n_2-1)$,从而

$$F=\frac{s_{甲}^2}{s_{乙}^2}=\frac{437.88}{275.41}=1.59.$$ 4 分

对 $\alpha=0.05$,查 F 临界值表,得 $F_{0.025}(9,7)=4.82$. 1 分

由于 $F<F_{0.025}(9,7)$,故接受 H_0,即认为两苗圃内苗高的方差无显著差异. 2 分

四、证明题(7 分)

由题意知 $E(X_i)=\mu,D(X_i)=\sigma^2$,所以

$E(X_i^2)=D(X_i)+[E(X_i)]^2=\sigma^2+\mu^2$, 2 分

$$E\left[\frac{1}{2(n-1)}\sum_{i=1}^{n-1}(X_{i+1}-X_i)^2\right]=\frac{1}{2(n-1)}\sum_{i=1}^{n-1}[E(X_{i+1}^2)-2E(X_{i+1}X_i)+E(X_i^2)]$$

$$=\frac{1}{2(n-1)}\sum_{i=1}^{n-1}(\sigma^2+\mu^2-2\mu^2+\sigma^2+\mu^2)$$

$$=\frac{1}{2(n-1)}\cdot 2(n-1)\sigma^2=\sigma^2,$$ 4 分

即统计量 $\frac{1}{2(n-1)}\sum_{i=1}^{n-1}(X_{i+1}-X_i)^2$ 是 σ^2 的无偏估计量. 1 分

概率论与数理统计模拟试卷B参考答案

一、填空题(每小题3分,共15分)

1. $\overline{ABC}$　2. 0.4　3. 21　4. $f_Y(y)=\begin{cases}\dfrac{1}{2(b-a)}, & 1-2b\leqslant y\leqslant 1-2a,\\ 0, & \text{其他}\end{cases}$　5. $F(n,1)$

二、单项选择题(每小题3分,共15分)

1. B　2. A　3. A　4. C　5. B

三、计算题(每小题9分,共63分)

1. (1) 设 $A_1=\{$某机床为车床$\}$,$P(A_1)=\dfrac{9}{15}$;$A_2=\{$某机床为钻床$\}$,$P(A_2)=\dfrac{3}{15}$;$A_3=\{$某机床为磨床$\}$,$P(A_3)=\dfrac{2}{15}$;$A_4=\{$某机床为刨床$\}$,$P(A_4)=\dfrac{1}{15}$;$B=\{$需要修理的机床$\}$,则

$$P(B|A_1)=\frac{1}{7},P(B|A_2)=\frac{2}{7},P(B|A_3)=\frac{3}{7},P(B|A_4)=\frac{1}{7},\qquad 2\text{ 分}$$

$$P(B)=\sum_{i=1}^{4}P(A_i)P(B|A_i)=\frac{22}{105}=0.2095.\qquad 3\text{ 分}$$

(2) $$P(A_1|B)=\frac{P(A_1)P(B|A_1)}{P(B)}=\frac{\frac{9}{15}\times\frac{1}{7}}{\frac{22}{105}}=\frac{9}{22}=0.409.\qquad 4\text{ 分}$$

2. (1) 因为 $F(+\infty)=\lim\limits_{x\to+\infty}(A+Be^{-2x})=1$,所以 $A=1$,

又 $\lim\limits_{x\to 0^+}(A+Be^{-2x})=F(0)=0$,所以 $B=-A=-1$.　2 分

(2) $$f(x)=F'(x)=\begin{cases}2e^{-2x}, & x>0,\\ 0, & x\leqslant 0.\end{cases}\qquad 4\text{ 分}$$

(3) $P(-1<X<1)=F(1)-F(-1)=1-e^{-2}$.　3 分

3. (1) $$f_X(x)=\int_{-\infty}^{+\infty}f(x,y)\,dy=\begin{cases}\displaystyle\int_{-x}^{x}\frac{1}{4}dy, & 0<x<2\\ 0, & \text{其他}\end{cases}=\begin{cases}\dfrac{x}{2}, & 0<x<2\\ 0, & \text{其他}.\end{cases}$$

$$f_Y(y)=\int_{-\infty}^{+\infty}f(x,y)\,dx=\begin{cases}\displaystyle\int_{|y|}^{2}\frac{1}{4}dx, & |y|<2\\ 0, & \text{其他}\end{cases}=\begin{cases}\dfrac{1}{4}(2-|y|), & |y|<2,\\ 0, & \text{其他}\end{cases}$$

$$=\begin{cases}\dfrac{1}{4}(2+y), & -2<y\leqslant 0,\\ \dfrac{1}{4}(2-y), & 0<y<2,\\ 0, & \text{其他}.\end{cases}\qquad 4\text{ 分}$$

(2) 显然，$f(x,y) \neq f_X(x) f_Y(y)$，所以 X 与 Y 不独立． 2 分

(3) 因为 $E(Y)=\int_{-\infty}^{+\infty}\int_{-\infty}^{+\infty} y f(x,y)\mathrm{d}x\mathrm{d}y=\int_0^2 \mathrm{d}x\int_{-x}^{x}\frac{y}{4}\mathrm{d}y=0$，

$E(XY)=\int_{-\infty}^{+\infty}\int_{-\infty}^{+\infty} xy f(x,y)\mathrm{d}x\mathrm{d}y=\int_0^2 \mathrm{d}x\int_{-x}^{x}\frac{xy}{4}\mathrm{d}y=0$，

所以 $\mathrm{Cov}(X,Y)=E(XY)-E(X)E(Y)=0$，因此 X 与 Y 不相关． 3 分

4. 设 X 表示正常工作着的部件数，则 $X\sim B(100,0.9)$． 2 分

由棣莫弗-拉普拉斯中心极限定理，整个系统能起作用的概率为

$P(X\geqslant 85)=P\left(\frac{X-np}{\sqrt{np(1-p)}}\geqslant\frac{85-100\times 0.9}{\sqrt{100\times 0.9\times 0.1}}\right)$ 4 分

$\approx 1-\Phi(-1.67)=\Phi(1.67)=0.9525$． 3 分

5. (1) 由 $E(X)=\int_0^1 x\cdot\sqrt{\theta}x^{\sqrt{\theta}-1}\mathrm{d}x=\sqrt{\theta}\int_0^1 x^{\sqrt{\theta}}\mathrm{d}x=\frac{\sqrt{\theta}}{\sqrt{\theta}+1}$， 2 分

有 $\frac{\sqrt{\theta}}{\sqrt{\theta}+1}=\overline{X}$，解方程得 θ 的矩估计为 $\hat{\theta}_1=\left(\frac{\overline{X}}{1-\overline{X}}\right)^2$． 1 分

(2) 似然函数为 $L(\theta)=\prod_{i=1}^{n}\sqrt{\theta}x_i^{\sqrt{\theta}-1}$， 2 分

两边取对数得 $\ln L(\theta)=\frac{n}{2}\ln\theta+(\sqrt{\theta}-1)\sum_{i=1}^{n}\ln x_i$， 2 分

对 θ 求导数得 $\frac{\mathrm{d}\ln L(\theta)}{\mathrm{d}\theta}=0$，$\frac{n}{2}\theta^{-1}+\frac{1}{2}\theta^{-\frac{1}{2}}\sum_{i=1}^{n}\ln x_i=0$，

解得极大似然估计为 $\hat{\theta}_2=\frac{n^2}{\left(\sum_{i=1}^{n}\ln X_i\right)^2}$． 2 分

6. 由 $1-\alpha=0.95$ 知 $\alpha=0.05$．$\bar{x}=1.57$ m，$s=0.077$ m， 1 分

由于 σ 未知，故 μ 的置信区间为 $\left(\bar{x}-t_{\frac{\alpha}{2}}(n-1)\cdot\frac{s}{\sqrt{n}},\bar{x}+t_{\frac{\alpha}{2}}(n-1)\cdot\frac{s}{\sqrt{n}}\right)$， 3 分

由给定数据知，$n=265$，$\bar{x}=1.57$，$s=0.077$，$t_{0.025}(264)=1.96$， 3 分

代入上式得所求置信区间为(1.5607，1.5793)． 2 分

7. 假设 $H_0:\sigma_1^2=\sigma_2^2$，$H_1:\sigma_1^2\neq\sigma_2^2$， 2 分

选用统计量 $F=\frac{s_1^2}{s_2^2}\sim F(25,15)$， 2 分

由样本观测值，计算得 $F=\frac{12^2}{9^2}=1.78$， 2 分

由 $\alpha=0.1$，查表得 $F_{0.05}(25,15)=2.28$， 2 分

因为 $F=1.78<F_{0.05}(25,15)=2.28$，所以接受原假设，即认为 A 班和 B 班测验成绩的标准差无显著差异． 1 分

四、证明题(共 7 分)

$P(X=k)=\frac{\lambda^k}{k!}\mathrm{e}^{-\lambda}$，所以 $E(X)=\lambda$，$D(X)=\lambda$， 1 分

有 $E(X_i)=\lambda, D(X_i)=\lambda$，　　2 分

$$E\left(\frac{1}{n}\sum_{i=1}^{n}X_i^2-\overline{X}\right)=\frac{1}{n}\sum_{i=1}^{n}E(X_i^2)-E(\overline{X})$$

$$=\frac{1}{n}\sum_{i=1}^{n}[D(X_i)+(E(X_i))^2]-E(\overline{X})$$

$$=\frac{1}{n}n(\lambda+\lambda^2)-\lambda=\lambda^2,$$　　2 分

即 $\frac{1}{n}\sum_{i=1}^{n}X_i^2-\overline{X}$ 是 λ^2 的无偏估计．　　2 分

概率论与数理统计模拟试卷 C 参考答案

一、填空题(每小题 3 分,共 15 分)

1. 0.3　2. -6　3. 充分必要　4. 0.25　5. 123

二、单项选择题(每小题 3 分,共 15 分)

1. D　2. D　3. A　4. D　5. B

三、计算题(每小题 9 分,共 63 分)

1. 设事件 $A=\{$汽车被水泡过$\}$,$B=\{$出现发动机故障$\}$,则

$P(A)=0.05, P(B|A)=0.8, P(B|\overline{A})=0.1.$　　1 分

(1) 由全概率公式得

$P(B)=P(A)P(B|A)+P(\overline{A})P(B|\overline{A})=0.05\times 0.8+0.95\times 0.1=0.135.$　　4 分

(2) 由贝叶斯公式得所求概率为

$P(\overline{B}|A)=\dfrac{P(A\overline{B})}{P(A)}=\dfrac{P(A)P(B|A)}{P(B)}=\dfrac{0.05\times 0.8}{0.135}\approx 0.2963.$　　4 分

2. (1) $P(X>0|-1\leqslant X\leqslant 1)=\dfrac{P(X>0,\ |X|\leqslant 1)}{P(|X|\leqslant 1)}=\dfrac{\frac{1}{3}}{\frac{1}{3}+\frac{1}{6}+\frac{1}{3}}=\dfrac{2}{5}.$　　3 分

(2) $Z=X^2+1$ 的分布列为

X^2+1	1	2	5
P	$\frac{1}{6}$	$\frac{2}{3}$	$\frac{1}{6}$

3 分

(3) $E(X)=-2\times\dfrac{1}{6}+(-1)\times\dfrac{1}{3}+1\times\dfrac{1}{3}=-\dfrac{1}{3}.$　　3 分

3. (1) $k=\dfrac{1}{12}.$　　2 分

(2) 当 $x\leqslant 0$ 或 $x\geqslant 2$ 时,$f_X(x)=0$;

当 $0<x<2$ 时,$f_X(x)=\displaystyle\int_1^3\frac{1}{12}(x+y)\mathrm{d}y=\frac{1}{6}x+\frac{1}{3}.$

所以 $f_X(x)=\begin{cases}\dfrac{1}{6}x+\dfrac{1}{3}, & 0<x<2,\\ 0, & \text{其他}.\end{cases}$　　2 分

当 $y\leqslant 1$ 或 $y\geqslant 3$ 时,$f_Y(y)=0$;

当 $1<y<3$ 时,$f_Y(y)=\displaystyle\int_0^2\frac{1}{12}(x+y)\mathrm{d}x=\frac{1}{6}y+\frac{1}{6}.$

所以 $f_Y(y)=\begin{cases}\dfrac{1}{6}y+\dfrac{1}{6}, & 1<y<3,\\ 0, & \text{其他}.\end{cases}$　　2 分

由于当 $0<x<2,1<y<3$ 时，有 $f(x,y)\neq f_X(x)f_Y(x)$，所以 X 与 Y 不独立. 1 分

(3) $P(X<1,Y<2)=\int_0^1\int_1^2 \frac{1}{12}(x+y)\mathrm{d}y\mathrm{d}x=\frac{1}{6}.$ 2 分

4. 设 X 表示一年中 10 000 个同龄参保人中死亡的人数，则

$$X\sim B(10\ 000,0.006).$$ 3 分

由题意，保险公司的收益为 $10\ 000\times12=120\ 000$ 元，支出为 $1\ 000X$ 元. 由中心极限定理，保险公司一年中获利不少于 60 000 元的概率为

$$P(120\ 000-1\ 000X>60\ 000)=P(X<60),$$ 3 分

$$=P\left(\frac{X-np}{\sqrt{np(1-p)}}<\frac{60-60}{\sqrt{59.64}}\right)\approx\Phi(0)=0.5.$$ 3 分

5. 从仓库中任取一件产品检验，要么是次品要么不是次品，是次品的概率为 p. 进行 n 次独立重复抽样，相当于抽取容量为 n 的样本，设该样本为 $X_1,X_2,\cdots,X_n$，则 $X_i\sim B(1,p)$，$i=1,2,\cdots,n$.

抽检结果是 n 次抽样中有 k 件次品，所以 $\bar{x}=\frac{1}{n}\sum_{i=1}^{n}x_i=\frac{k}{n}.$ 2 分

似然函数

$$L(p)=P(X_1=x_1,X_2=x_2,\cdots,X_n=x_n)$$

$$=\prod_{i=1}^{n}p^{x_i}(1-p)^{1-x_i}=p^{\sum_{i=1}^{n}x_i}(1-p)^{n-\sum_{i=1}^{n}x_i},$$ 3 分

两边取对数得 $\ln L(p)=\left(\sum_{i=1}^{n}x_i\right)\ln p+\left(n-\sum_{i=1}^{n}x_i\right)\ln(1-p)$， 2 分

对 p 求导得 $\frac{\mathrm{d}\ln L(p)}{\mathrm{d}p}=\left(\sum_{i=1}^{n}x_i\right)\frac{1}{p}-\left(n-\sum_{i=1}^{n}x_i\right)\frac{1}{1-p}$， 1 分

令导数为零，求出参数的最大似然估计 $\hat{p}=\frac{1}{n}\sum_{i=1}^{n}x_i=\bar{x}=\frac{k}{n}.$ 1 分

6. 由样本结果知 $\bar{x}=1\ 160,s^2=9\ 950$， 1 分

故 μ 的置信区间为 $\left(\bar{x}-t_{\frac{\alpha}{2}}(n-1)\cdot\frac{s}{\sqrt{n}},\bar{x}+t_{\frac{\alpha}{2}}(n-1)\cdot\frac{s}{\sqrt{n}}\right)$. 4 分

由 $1-\alpha=0.95$ 查表得 $t_{0.025}(4)=2.776$， 2 分

代入置信区间得

$$\left(\bar{x}-t_{\frac{\alpha}{2}}(n-1)\cdot\frac{s}{\sqrt{n}},\bar{x}+t_{\frac{\alpha}{2}}(n-1)\cdot\frac{s}{\sqrt{n}}\right)$$

$$=\left(1\ 160-2.776\cdot\frac{\sqrt{9\ 950}}{\sqrt{5}},1\ 160+2.776\cdot\frac{\sqrt{9\ 950}}{\sqrt{5}}\right)$$

$$=(1\ 036.16,\ 1\ 283.84).$$ 2 分

7. 在检验两条生产线罐装酒的平均容量之间是否有差异之前，需要先检验两个方差是否相同.

由题意得 $\bar{x}=752$ mL，$s_1=10.04$ mL，$\bar{y}=746$ mL，$s_2=8.86$ mL.

(1) 假设 $H_0:\sigma_1^2=\sigma_2^2, H_1:\sigma_1^2\neq\sigma_2^2$.

选取统计量 $F=\dfrac{s_1^2}{s_2^2}$，当 H_0 成立时，$F\sim F(n_1-1,n_2-1)$，

从而 $F=\dfrac{s_1^2}{s_2^2}=\dfrac{10.04^2}{8.86^2}=1.284\,1$. 2 分

对 $\alpha=0.05$，查 F 临界值表得 $F_{0.025}(7,9)=4.20$.

由于 $F<F_{0.025}(7,9)$，故接受 H_0，即认为两生产线罐装酒的方差无显著差异． 1 分

(2) 再假设 $H_0:\mu_1=\mu_2, H_1:\mu_1\neq\mu_2$.

由(1)知 $\sigma_1^2=\sigma_2^2$，故采用检验统计量

$$t=\frac{\overline{X}-\overline{Y}}{\sqrt{\dfrac{(n_1-1)s_1^2+(n_2-1)s_2^2}{n_1+n_2}}\sqrt{\dfrac{1}{n_1}+\dfrac{1}{n_2}}}\sim t(n_1+n_2-2)=t(16).$$ 3 分

计算统计量的值 $t=\dfrac{752-746}{\sqrt{\dfrac{7\times10.04^2+9\times8.86^2}{8+10}}\sqrt{\dfrac{1}{8}+\dfrac{1}{10}}}=0.267\,0$. 2 分

对 $\alpha=0.05$，查 t 临界值表得 $t_{0.025}(16)=2.120$，因为 $|t|=0.267\,0<2.120$，故认为两条生产线罐装酒的平均容量无显著差异． 1 分

四、证明题(7 分)

$$D(\overline{X})=D\left(\frac{1}{n}\sum_{i=1}^{n}X_i\right)$$ 2 分

$$=\frac{1}{n^2}\sum_{i=1}^{n}D(X_i)$$ 3 分

$$=\frac{1}{n^2}\cdot n\sigma^2=\frac{\sigma^2}{n}.$$ 2 分

概率论与数理统计模拟试卷D参考答案

一、填空题(每小题3分,共15分)

1. $\overline{A}\cup\overline{B}\cup\overline{C}$　2. 0.4　3. 1　4. 46　5. 二

二、单项选择题(每小题3分,共15分)

1. D　2. C　3. C　4. C　5. B

三、计算题(每小题9分,共63分)

1. 设事件 A 表示被调查学生是努力学习的,事件 B 表示被调查学生考试及格.　1分

(1) 由全概率公式得

$P(B)=P(A)P(B|A)+P(\overline{A})P(B|\overline{A})=0.8\times0.9+0.2\times0.1=0.74.$　4分

(2) 由贝叶斯公式得

$P(\overline{A}|B)=\dfrac{P(\overline{A}B)}{P(B)}=\dfrac{P(\overline{A})P(B|\overline{A})}{P(B)}=\dfrac{0.2\times0.1}{0.74}=\dfrac{1}{37}=0.027.$　4分

2. (1) $\int_0^1 kx^3\,\mathrm{d}x=1, k=4.$　2分

(2) $P\left(\dfrac{1}{2}<X<2\right)=\int_{\frac{1}{2}}^1 4x^3\,\mathrm{d}x+\int_1^2 0\,\mathrm{d}x=\dfrac{15}{16}.$　2分

(3) $E(X)=\int_0^1 x\cdot4x^3\,\mathrm{d}x=\dfrac{4}{5}, E(X^2)=\int_0^1 x^2\cdot4x^3\,\mathrm{d}x=\dfrac{2}{3},$

$D(X)=E(X^2)-[E(X)]^2=\dfrac{2}{75}.$　3分

(4) $F(y)=P(Y\leqslant y)=P(2X+1\leqslant y)=P\left(X\leqslant\dfrac{y-1}{2}\right)=F_X\left(\dfrac{y-1}{2}\right),$

$f_Y(y)=\left[F_X\left(\dfrac{y-1}{2}\right)\right]'=4\left(\dfrac{y-1}{2}\right)^3\times\dfrac{1}{2}=\dfrac{1}{4}(y-1)^3\quad(1\leqslant y\leqslant3).$　2分

3. (1) $P(X<1,Y<1)=\int_0^1 3\mathrm{e}^{-3x}\,\mathrm{d}x\int_0^1 4\mathrm{e}^{-4y}\,\mathrm{d}y=(1-\mathrm{e}^{-3})(1-\mathrm{e}^{-4}).$　3分

(2) $f_X(x)=\begin{cases}\int_0^{+\infty}12\mathrm{e}^{-(3x+4y)}\,\mathrm{d}y=3\mathrm{e}^{-3x}, & x>0,\\ 0, & x\leqslant0,\end{cases}$　3分

$f_Y(y)=\begin{cases}\int_0^{+\infty}12\mathrm{e}^{-(3x+4y)}\,\mathrm{d}x=4\mathrm{e}^{-4y}, & y>0,\\ 0, & y\leqslant0.\end{cases}$　2分

(3) 因为 $f(x,y)=f_X(x)f_Y(y)$,所以 X 与 Y 相互独立.　1分

4. 设 X 为不合格品数,则 $X\sim B(10\,000,0.005)$.　2分

$E(X)=50, D(X)=50\times0.995=49.75,$　2分

$P(X\leqslant70)=\Phi\left(\dfrac{70-50}{\sqrt{49.75}}\right)\approx\Phi(2.84)=0.997\,7.$　5分

5. (1) 由题知 $\mu=E(X)=\dfrac{1}{\lambda}$,即 $\lambda=\dfrac{1}{\mu}$.　1分

由矩估计法 $\hat{\mu}=\overline{X}$ 得 $\hat{\lambda}=\frac{1}{\hat{\mu}}=\frac{1}{\overline{X}}$. 3 分

(2) 构造似然函数 $L(x_1,x_2,\cdots,x_n;\lambda)=\prod_{i=1}^{n}\lambda e^{-\lambda x_i}=\lambda^n e^{-\lambda\sum_{i=1}^{n}x_i}$, 1 分

两边取对数得 $\ln L=n\ln\lambda-\lambda\sum_{i=1}^{n}x_i$, 1 分

对 λ 求导并令其等于零,得似然方程 $\frac{d\ln L}{d\lambda}=\frac{n}{\lambda}-\sum_{i=1}^{n}x_i=0$, 2 分

解得参数 λ 的最大似然估计为 $\hat{\lambda}=\frac{1}{\overline{X}}$. 1 分

6. 由 $1-\alpha=0.9$ 知 $\alpha=0.1$;又 $\bar{x}=43.445$,$s=0.722$.

查表得 $t_{0.05}(10)=1.812$,$\chi^2_{0.05}(10)=18.307$,$\chi^2_{0.95}(10)=3.94$. 3 分

由于 σ 未知,故 μ 的置信区间为

$$\left(\bar{x}-t_{\frac{\alpha}{2}}\cdot\frac{s}{\sqrt{n}},\bar{x}+t_{\frac{\alpha}{2}}\cdot\frac{s}{\sqrt{n}}\right)=\left(43.445-1.812\cdot\frac{0.722}{\sqrt{11}},43.445+1.812\cdot\frac{0.722}{\sqrt{11}}\right)$$

$$=(43.19,43.70).$$ 3 分

标准差 σ 的置信区间为

$$\left[\sqrt{\frac{n-1}{\chi^2_{0.05}(10)}}s,\sqrt{\frac{n-1}{\chi^2_{0.95}(10)}}s\right]=[0.53,1.15].$$ 3 分

7. 假设 $H_0:\mu=\mu_0=1.1$, $H_1:\mu\neq\mu_0=1.1$. 2 分

由已知 $n=36$,$\bar{x}=1.008$,$s^2=0.1$,$\alpha=0.05$,得 2 分

$$|t|=\left|\frac{\bar{x}-\mu_0}{\frac{s}{\sqrt{n}}}\right|=1.745\ 6.$$ 3 分

查 t 分布临界值表,得 $t_{0.025}(35)=2.030\ 1$,$|t|=1.745\ 6<t_{0.025}(35)=2.030\ 1$.

故接受原假设,认为这堆香烟的质量正常. 2 分

四、证明题(7 分)

因为 $X\sim N(\mu,\sigma^2)$,所以 $U=\frac{X-\mu}{\sigma}\sim N(0,1)$. 2 分

从而 $T=\frac{U}{\sqrt{\frac{Y}{n}}}=\frac{\frac{X-\mu}{\sigma}}{\sqrt{\frac{Y}{n}}}=\frac{X-\mu}{\sqrt{Y}\sigma}\sqrt{n}\sim t(n)$. 5 分

Ⅲ 高等数学（概率统计部分）考研试题选编

一、选择题

1.(2017 年,数一,4 分)

设 A,B 为随机事件,若 $0<P(A)<1,0<P(B)<1$,则 $P(A|B)>P(A|\bar{B})$ 的充分必要条件是(　　).

A. $P(B|A)>P(B|\bar{A})$　　B. $P(B|A)<P(B|\bar{A})$

C. $P(\bar{B}|A)>P(B|\bar{A})$　　D. $P(\bar{B}|A)<P(B|\bar{A})$

2.(2019 年,数一,4 分)

设 A,B 为随机事件,则 $P(A)=P(B)$ 的充分必要条件是(　　).

A. $P(A\cup B)=P(A)+P(B)$　　B. $P(AB)=P(A)P(B)$

C. $P(A\bar{B})=P(B\bar{A})$　　D. $P(AB)=P(\overline{AB})$

3.(2007 年,数一、数三、数四,4 分)

某人向同一目标独立重复射击,每次射击命中目标的概率为 $p(0<p<1)$,则此人第 4 次射击恰好第 2 次命中目标的概率为(　　).

A. $3p(1-p)^2$　　B. $6p(1-p)^2$

C. $3p^2(1-p)^2$　　D. $6p^2(1-p)^2$

4.(2013 年,数一,4 分)

设 X_1,X_2,X_3 是随机变量,且 $X_1\sim N(0,1),X_2\sim N(0,2^2),X_3\sim N(5,3^2),P_i=P\{-2\leqslant X_i\leqslant 2\}(i=1,2,3)$,则(　　).

A. $P_1>P_2>P_3$　　B. $P_2>P_1>P_3$

C. $P_3>P_1>P_2$　　D. $P_1>P_3>P_2$

5.(2019 年,数一,4 分)

设随机变量 X 与 Y 相互独立,且均服从正态分布 $N(\mu,\sigma^2)$,则 $P\{|X-Y|<1\}$(　　).

A. 与 μ 无关,而与 σ^2 有关　　B. 与 μ 有关,而与 σ^2 无关

C. 与 μ,σ^2 都有关　　D. 与 μ,σ^2 都无关

6.(2010 年,数一,4 分)

设随机变量 X 的分布函数为 $F(x)=\begin{cases}0, & x<0,\\ \dfrac{1}{2}, & 0\leqslant x<1,\\ 1-\mathrm{e}^{-x}, & x\geqslant 1,\end{cases}$ 则 $P(X=1)=$(　　).

A. 0　　B. $\dfrac{1}{2}$　　C. $\dfrac{1}{2}-\mathrm{e}^{-1}$　　D. $1-\mathrm{e}^{-1}$

7.(2008 年,数一、数三、数四,4 分)

随机变量 X,Y 相互独立同分布,且 X 的分布函数为 $F(x)$,则 $Z=\max\{X,Y\}$ 的分布函数为(　　).

A. $F^2(x)$　　B. $F(x)F(y)$

C. $1-[1-F(x)]^2$　　D. $[1-F(x)][1-F(y)]$

8.(2003 年,数四,4 分)

设随机变量 X 和 Y 都服从正态分布,且它们不相关,则(　　).

A. X 与 Y 一定独立　　B. (X,Y) 服从二维正态分布

C. X 与 Y 未必独立　　　　D. $X+Y$ 服从一维正态分布

9.(2020 年,数一,4 分)

设 $x_1,x_2,\cdots,x_n$ 为来自总体 X 的简单随机样本,其中 $P(X=0)=P(X=1)=\dfrac{1}{2}$,$\Phi(x)$ 表示标准正态分布函数,则利用中心极限定理可得 $P\left(\sum\limits_{i=1}^{100}X_i\leqslant 55\right)$ 的近似值为(　　).

A. $1-\Phi(1)$　　B. $\Phi(1)$　　C. $1-\Phi(0,2)$　　D. $\Phi(0,2)$

10.(2004 年,数一、数三、数四,4 分)

设随机变量 $X_1,X_2,\cdots,X_n(n>1)$ 独立同分布,且其方差 $\sigma^2>0$,令 $Y=\dfrac{1}{n}\sum\limits_{i=1}^{n}X_i$,则(　　).

A. $\mathrm{Cov}(X_1,Y)=\dfrac{\sigma^2}{n}$　　　　B. $\mathrm{Cov}(X_1,Y)=\sigma^2$

C. $D(X_1+Y)=\dfrac{n+2}{n}\sigma^2$　　　　D. $D(X_1-Y)=\dfrac{n+1}{n}\sigma^2$

11.(2005 年,数一、数三,4 分)

设 $X_1,X_2,\cdots,X_n(n\geqslant 2)$ 为来自总体 $N(0,1)$ 的简单随机样本,$\overline{X}$ 为样本均值,S^2 为样本方差,则(　　).

A. $n\overline{X}\sim N(0,1)$　　　　B. $nS^2\sim\chi^2(n)$

C. $\dfrac{(n-1)\overline{X}}{S}\sim t(n-1)$　　　　D. $\dfrac{(n-1)X_1^2}{\sum\limits_{i=2}^{n}X_i^2}\sim F(1,n-1)$

12.(2017 年,数一,4 分)

设 $X_1,X_2,\cdots,X_n(n\geqslant 2)$ 为来自总体 $N(\mu,1)$ 的简单随机样本,记 $\overline{X}=\dfrac{1}{n}\sum\limits_{i=1}^{n}X_i$,则下列结论中不正确的是(　　).

A. $\sum\limits_{i=1}^{n}(X_i-\mu)^2$ 服从 χ^2 分布　　　　B. $2(X_n-X_1)^2$ 服从 χ^2 分布

C. $\sum\limits_{i=1}^{n}(X_i-\overline{X})^2$ 服从 χ^2 分布　　　　D. $n(\overline{X}-\mu)^2$ 服从 χ^2 分布

二、填空题

1.(2012 年,数一,4 分)

设 A,B,C 是随机事件,A,C 互不相容,$P(AB)=\dfrac{1}{2}$,$P(C)=\dfrac{1}{3}$,则 $P(AB|\overline{C})=$ ________.

2.(2005 年,数一、数三,4 分)

设二维随机变量 (X,Y) 的概率分布为

Y \ X	0	1
0	0.4	a
1	b	0.1

若随机事件$\{X=0\}$与$\{X+Y=1\}$相互独立，则 $a=$________，$b=$________.

3.（2017 年，数一，4 分）

设随机变量 X 的分布函数为 $F(x)=0.5\Phi(x)+0.5\Phi\left(\frac{x-4}{2}\right)$，其中 $\Phi(x)$ 为标准正态分布函数，则 $E(X)=$________.

4.（2004 年，数一、数三、数四，4 分）

设随机变量 X 服从参数为 λ 的指数分布，则 $P(X>\sqrt{D(X)})=$________.

5.（2015 年，数一，4 分）

设二维随机变量(X,Y)服从正态分布 $N(1,0,1,1,0)$，则 $P(XY-Y<0)=$________.

6.（2003 年，数四，4 分）

设随机变量 X 和 Y 的相关系数为 0.5，$E(X)=E(Y)=0$，$E(X^2)=E(Y^2)=2$，则 $E(X+Y)^2=$________.

7.（2001 年，数四，3 分）

设随机变量 X 和 Y 的数学期望分别为 2，方差分别为 1 和 4，而相关系数为 0.5，根据切比雪夫不等式，$P(|X-Y|\geqslant 6)\leqslant$________.

8.（2006 年，数三，4 分）

设总体 X 的概率密度为 $f(x)=\frac{1}{2}e^{-|x|}(-\infty<x<+\infty)$，$x_1,x_2,\cdots,x_n$ 为该总体 X 的简单随机样本，其样本方差为 $S^2=\frac{1}{n-1}\sum_{i=1}^{n}(X_i-\overline{X})^2$，则 $E(S^2)=$________.

9.（2009 年，数一，4 分）

设 $X_1,X_2,\cdots,X_m$ 为来自二项分布总体 $B(n,p)$ 的简单随机样本，$\overline{X}$ 和 S^2 分别为样本均值和样本方差．若 $\overline{X}+kS^2$ 为 np^2 的无偏估计量，则 $k=$________.

10.（2019 年，数一，4 分）

设随机变量 X 的概率密度为 $f(x)=\begin{cases}\frac{x}{2}, & 0<x<2,\\ 0, & \text{其他},\end{cases}$ $F(x)$ 为其分布函数，$E(X)$ 为其数学期望，则 $P\{F(X)>E(X)-1\}=$________.

11.（2014 年，数一，4 分）

设总体 X 的概率密度为 $f(x,\theta)=\begin{cases}\frac{2x}{3\theta^2}, & \theta<x<2\theta,\\ 0, & \text{其他},\end{cases}$ 其中 θ 是未知参数，$X_1,X_2,\cdots,X_n$ 是来自总体的简单样本，若 $C\sum_{i=1}^{n}X_i^2$ 是 θ^2 的无偏估计，则常数 $C=$________.

12.（2016年，数一，4分）

设 $x_1,x_2,\cdots,x_n$ 为来自总体 $N(\mu,\sigma^2)$ 的简单随机样本，样本均值 $\bar{x}=9.5$，参数 μ 的置信度为0.95的双侧置信区间的置信上限为10.8，则 μ 的置信度为0.95的双侧置信区间为________________.

三、计算题

1.（2003年，数一，10分）

已知甲、乙两箱中装有同种产品，其中甲箱中装有3件合格品和3件次品，乙箱中仅装有3件合格品．从甲箱中任取3件产品放入乙箱后，求：

(1) 乙箱中次品件数的数学期望；

(2) 从乙箱中任取一件产品是次品的概率．

2.（2004年，数一（不含第3问），9分，数三、数四，13分）

设 A,B 为随机事件，且 $P(A)=\dfrac{1}{4}$，$P(B|A)=\dfrac{1}{3}$，$P(A|B)=\dfrac{1}{2}$，令

$$X=\begin{cases}1, & A\text{发生},\\ 0, & A\text{不发生},\end{cases}\qquad Y=\begin{cases}1, & B\text{发生},\\ 0, & B\text{不发生}.\end{cases}$$

求：(1) 二维随机变量 (X,Y) 的概率分布；

(2) X 与 Y 的相关系数 ρ_{XY}；

(3) $Z=X^2+Y^2$ 的概率分布．

3.（2015年，数一，11分）

设随机变量 X 的概率密度为

$$f(x)=\begin{cases}2^{-x}\ln 2, & x>0,\\ 0, & x\leqslant 0,\end{cases}$$

对 X 进行独立重复的观测，直到第2个大于3的观测值出现时停止，记 Y 为次数．

(1) 求 Y 的概率分布；

(2) 求数学期望 $E(Y)$．

4.（2006年，数一（不含第3问），9分，数三、数四，13分）

随机变量 X 的概率密度为

$$f_X(x)=\begin{cases}\dfrac{1}{2}, & -1<x<0,\\ \dfrac{1}{4}, & 0\leqslant x<2,\\ 0, & \text{其他}.\end{cases}$$

令 $Y=X^2$，二维随机变量 (X,Y) 的分布函数为 $F(x,y)$，求：

(1) Y 的概率密度函数 $f_Y(y)$；

(2) $F\left(-\dfrac{1}{2},4\right)$；

(3) $\mathrm{Cov}(X,Y)$．

5.（2007年，数一、数三、数四，11分）

设二维随机变量 (X,Y) 的概率密度函数为

$$f(x,y)=\begin{cases}2-x-y, & 0<x<1,0<y<1,\\ 0, & \text{其他}.\end{cases}$$

(1) 求 $P(X>2Y)$；

(2) 求 $Z=X+Y$ 的概率密度函数 $f_Z(z)$.

6.（2005 年，数一（不含第 3 问），9 分，数三、数四，13 分）

设二维随机变量(X,Y)的概率密度为

$$f(x,y)=\begin{cases}1, & 0<x<1,0<y<2x,\\ 0, & \text{其他}.\end{cases}$$

求：(1) (X,Y)的边缘概率密度 $f_X(x),f_Y(y)$；

(2) $Z=2X-Y$ 的概率密度 $f_Z(z)$.

(3) $P\left(Y\leqslant\frac{1}{2}\middle|X\leqslant\frac{1}{2}\right)$.

7.（2008 年，数一、数三、数四，11 分）

设随机变量 X,Y 相互独立，且 X 的概率分布为 $P(X=i)=\frac{1}{3}$ $(i=-1,0,1)$，Y 的概率密度为

$$f_Y(y)=\begin{cases}1, & 0\leqslant y\leqslant 1,\\ 0, & \text{其他}.\end{cases}$$

令 $Z=X+Y$，求：

(1) $P\left(Z\leqslant\frac{1}{2}\middle|X=0\right)$；

(2) Z 的密度函数 $f_Z(z)$.

8.（2005 年，数一（不含第 3 问），9 分，数三、数四，13 分）

设 $X_1,X_2,\cdots,X_n(n>2)$为来自总体 $N(\mu,\sigma^2)$的简单随机样本，其样本均值为 $\overline{X}$，记 $Y_i=X_i-\overline{X}$，$i=1,2,\cdots,n$.

(1) 求 Y_i 的方差 $D(Y_i)$，$i=1,2,\cdots,n$；

(2) 求 Y_1 与 Y_n 的协方差 $\mathrm{Cov}(Y_1,Y_n)$；

(3) 若 $c(Y_1+Y_n)^2$ 是 σ^2 的无偏估计量，求常数 c.（数三）

求 $P(Y_1+Y_n\leqslant 0)$.（数四）

9.（2001 年，数一，7 分）

设总体 X 服从正态分布 $N(\mu,\sigma^2)$ $(\sigma>0)$，从该总体中抽取简单随机样本 $X_1,X_2,\cdots,X_{2n}(n\geqslant 2)$，其样本均值为 $\overline{X}=\frac{1}{2n}\sum_{i=1}^{2n}X_i$，求统计量 $Y=\sum_{i=1}^{n}(X_i+X_{n+i}-2\overline{X})^2$ 的数学期望 $E(Y)$.

10.（2004 年，数一，9 分）

设总体 X 的分布函数为 $F(x,\beta)=\begin{cases}1-\frac{1}{x^\beta}, & x>1,\\ 0, & x\leqslant 1,\end{cases}$ 其中未知参数 $\beta>1$，$X_1,X_2,\cdots,X_n$ 为来自总体 X 的简单随机样本，求：

(1) β 的矩估计量；

(2) β 的最大似然估计量.

11.（2008 年，数一、数三，11 分）

设 $X_1,X_2,\cdots,X_n$ 是来自总体 $N(\mu,\sigma^2)$ 的简单随机样本，记样本均值和样本方差分别为

$$\overline{X}=\frac{1}{n}\sum_{i=1}^{n}X_i,\ S^2=\frac{1}{n-1}\sum_{i=1}^{n}(X_i-\overline{X})^2,\ T=\overline{X}^2-\frac{S^2}{n}.$$

(1) 证明 T 是 μ^2 的无偏估计；

(2) 当 $\mu=0,\sigma=1$ 时，求 T 的方差 $D(T)$.

12.（2001 年，数三、数四，8 分）

某生产线生产的产品成箱包装，每箱的质量是随机的. 假设每箱平均重 50 千克，标准差为 5 千克. 若用最大载重量为 5 吨的汽车承运，试利用中心极限定理说明每辆车最多可以装多少箱，才能保障不超载的概率大于 0.977.（$\Phi(2)=0.977$，其中 $\Phi(x)$ 是标准正态分布的函数）

13.（2010 年，数一，11 分）

设总体 X 的概率分布为

X	1	2	3
P	$1-\theta$	$\theta-\theta^2$	θ^2

其中 $\theta\in(0,1)$ 未知，用 N_i 表示来自总体的简单随机样本（样本容量为 n）中等于 i 的个数 $(i=1,2,3)$. 试求常数 a_1,a_2,a_3，使 $T=\sum\limits_{i=1}^{3}a_iN_i$ 为 θ 的无偏估计量，并求 T 的方差.

14.（2016 年，数一、数三，11 分）

设总体 X 的概率密度为

$$f(x,\theta)=\begin{cases}\dfrac{3x^2}{\theta^3}, & 0<x<\theta,\\ 0, & \text{其他},\end{cases}$$

其中 $\theta\in(0,+\infty)$ 为未知参数，X_1,X_2,X_3 为来自总体 X 的简单随机样本，令 $T=\max\{X_1,X_2,X_3\}$.

(1) 求 T 的概率密度；

(2) 确定 a，使得 aT 为 θ 的无偏估计.

15.（2017 年，数一、数三，11 分）

某工程师为了解一台天平的精度，用该天平对一物体的质量做了 n 次测量. 该物体的质量 μ 是已知的，设 n 次测量结果 $X_1,X_2,\cdots,X_n$ 相互独立且均服从正态分布 $N(\mu,\sigma^2)$. 该工程师记录的是 n 次测量的绝对误差 $Z_i=|X_i-\mu|(i=1,2,\cdots,n)$，利用 $Z_1,Z_2,\cdots,Z_n$ 估计参数 σ.

(1) 求 Z_i 的概率密度；

(2) 利用一阶矩求 σ 的矩估计量；

(3) 求参数 σ 的最大似然估计量.

16.(2020 年，数一，11 分)

设随机变量 X_1,X_2,X_3 相互独立，其中 X_1 与 X_2 均服从标准正态分布，X_3 的概率分布为 $P\{X_3=0\}=P\{X_3=1\}=\frac{1}{2}$，$Y=X_3X_1+(1-X_3)X_2$.

(1) 求二维随机变量 (X_1,Y) 的分布函数，结果用标准正态分布函数 $\Phi(x)$ 表示；

(2) 证明随机变量 Y 服从标准正态分布 .

17.(2017 年，数一，11 分)

设随机变量 X,Y 相互独立，且 X 的概率分布为 $P\{X=0\}=P\{X=2\}=\frac{1}{2}$，$Y$ 的概率密度为

$$f(y)=\begin{cases}2y, & 0<y<1,\\0, & \text{其他}.\end{cases}$$

(1) 求 $P\{Y\leqslant E(Y)\}$；(2) 求 $Z=X+Y$ 的概率密度 .

18.(2019 年，数一，11 分)

设随机变量 X,Y 相互独立，X 服从参数为 1 的指数分布，Y 的概率分布为 $P\{Y=-1\}=p$，$P\{Y=1\}=1-p(0<p<1)$. 令 $Z=XY$.

(1) 求 Z 的概率密度；(2) p 为何值时，X,Z 不相关？(3) 此时，X,Z 是否相互独立？

19.(2016 年，数一，11 分)

设二维随机变量 (X,Y) 在区域 $D=\{(x,y)\mid 0<x<1,x^2<y<\sqrt{x}\}$ 上服从均匀分布，令 $U=\begin{cases}1, & X\leqslant Y,\\0, & X>Y.\end{cases}$

(1) 写出 (X,Y) 的概率密度；

(2) 问 U 与 X 是否相互独立，并说明理由；

(3) 求 $Z=U+X$ 的分布函数 $F(z)$.

20.(2019 年，数一，11 分)

设总体 X 的概率密度为 $f(x)=\begin{cases}\frac{A}{\sigma}e^{-\frac{(x-\mu)^2}{2\sigma^2}}, & x\geqslant\mu,\\0, & x<\mu,\end{cases}$ 其中 μ 是已知参数，σ 是未知参数，A 是常数，$X_1,X_2,\cdots,X_n$ 是来自总体 X 的简单随机样本.

(1) 求常数 A 的值；

(2) 求 σ^2 的最大似然估计量.

Ⅳ 综合应用案例选编

应用案例 1　寓言故事《狼来了》与信用制度原理

【问题背景】 家喻户晓的伊索寓言故事《狼来了》讲的是一个放羊娃连续两天在没有狼的时候喊"狼来了"欺骗村民，等第三天狼真的来了，无论小孩怎么呼救，都没有人来救他，因为他总是说谎，村民不再信任他了. 这个故事告诫人们不要说谎，一旦说谎后果很严重.

这个寓言故事中蕴含着概率论的思想，因为小孩连续说谎使得人们对他的信任度下降，可以利用贝叶斯公式计算，当小孩第三次喊"狼来了"的时候村民对他的信任度是多少.（本案例来自华东师范大学茆诗松等编著的《概率论与数理统计教程》）

【假设】 设事件 A 表示"小孩说谎"，事件 B 表示"小孩可信". 为方便建立数学模型分析讨论，不妨做一些合理的量化假设(不同的假设会导致计算结果不同)：

(1) 村民初始对小孩的信任度为 0.8；

(2) 可信的小孩说谎的可能性为 0.1；

(3) 不可信的小孩说谎的可能性为 0.5.

【模型建立】 当小孩第一次说谎时，村民闻声上山打狼，但发现狼并没有来，感觉到被小孩骗了，即当事件 A 发生时，村民对小孩的信任度就有变化. 利用贝叶斯公式计算信任度变化的情况：

$$P(B|A)=\frac{P(B)P(A|B)}{P(B)P(A|B)+P(\bar{B})P(A|\bar{B})}. \tag{1}$$

【概率计算】 由假设，利用公式(1)计算得

$$P(B|A)=\frac{P(B)P(A|B)}{P(B)P(A|B)+P(\bar{B})P(A|\bar{B})}=\frac{0.8\times0.1}{0.8\times0.1+0.2\times0.5}=0.444\ 4.$$

结果表明，村民上了一次当以后，对小孩的信任度由原来的 0.8 降到了 0.444 4，即变为

$$P(B)=0.444\ 4,\ P(\bar{B})=1-P(B)=0.555\ 6.$$

如果小孩第二次说谎，依然用公式(1)计算小孩第二次说谎后村民对他的信任度为

$$P(B|A)=\frac{P(B)P(A|B)}{P(B)P(A|B)+P(\bar{B})P(A|\bar{B})}=\frac{0.444\ 4\times0.1}{0.444\ 4\times0.1+0.555\ 6\times0.5}=0.137\ 9.$$

这表明村民经过两次上当，对这个小孩的信任程度已经从最初的 0.8 降到了 0.137 9. 信任度如此低，难怪村民对小孩的第三次呼救不予理睬. 如果这个小孩再继续说谎，则其可信度会进一步降低，计算结果见表 1.

表 1　连续 10 次说谎后信任度的变化

说谎次数	0	1	2	3	4	5
可信度 $P(B)$	0.8	0.444 4	0.137 9	0.031 0	0.006 4	0.001 3
说谎次数	6	7	8	9	10	
可信度 $P(B)$	0.000 262 7	$5.201\ 08\times10^{-5}$	$1.040\ 4\times10^{-5}$	$2.080\ 82\times10^{-6}$	$4.161\ 61\times10^{-7}$	

【拓展问题】 由前面计算知，小孩说两次谎后，他的可信度下降为 0.137 9，现在这个孩子想要改邪归正，问他需要多少次不说谎话才能把信任度重新提高到 0.8？

现改变前面的假设(1)为(1′)，其他条件不变，即：

(1′) 村民对小孩的信任度(可信度)为 0.137 9；

(2) 可信的小孩说谎的可能性为 0.1；

(3) 不可信的小孩说谎的可能性为 0.5.

再次反复利用公式(1)，计算出小孩每次说真话后村民对他信任度的变化. 表 2 为小孩连续 10 次不说谎后的可信度计算结果.

表 2　连续 10 次不说谎后信任度的变化

不说谎次数	0	1	2	3	4	5
可信度 $P(B)$	0.137 9	0.223 7	0.341 5	0.482 8	0.629 4	0.751 6
不说谎次数	6	7	8	9	10	
可信度 $P(B)$	0.844 8	0.907 4	0.946 4	0.969 5	0.982 8	

结论：从表 2 可以看出，小孩改邪归正后，连续不说谎 6 次后的可信度可以达到 0.844 8，首次超过 0.8.

利用图示直观展示两种情形下信任度的变化，如图 1 所示. 图 1a 显示小孩说谎后的可信度变化情况，x 轴表示说谎次数，y 轴表示可信度；图 1b 显示连续不说谎 10 次的可信度变化情况，x 轴表示不说谎次数，y 轴表示可信度.

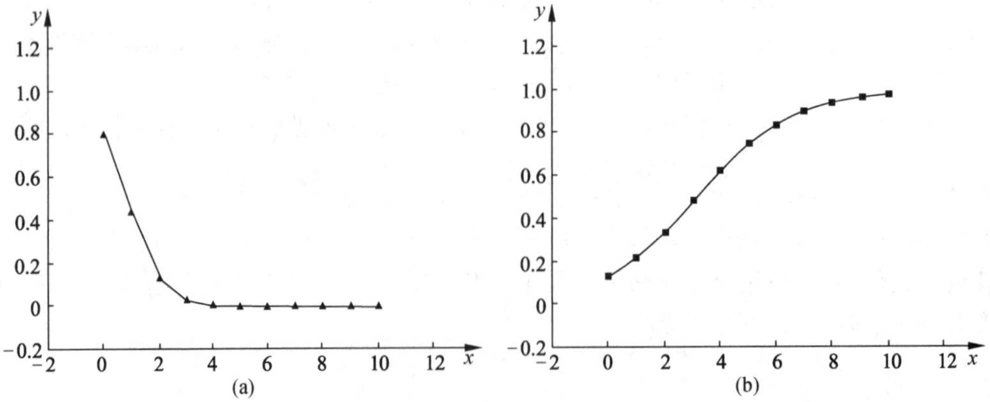

图 1　表 1 与表 2 的图示

由此可见，如果说谎，可信度从 0.8 下降到 0.137 9 只需要两次；如果不说谎，可信度从

0.137 9 上升到 0.8 则需要 6 次！看来修复信任度需要付出成倍的努力.两个图形也非常直观形象地说明了这一点.

该问题告诉我们，只有诚实做人，才能赢得人们的信任；否则一旦失信于人，后果十分严重，其信誉很难修复.现代社会信用制度的原理也源于此.社会信用体系的核心是建立起一套科学的信用信息记录和传播机制，对于守信者给予激励，而对于失信者给予惩戒，使守信者受益、失信者受损，从而促使企业和个人诚实守信.

【思考与练习】

1. 我国有句俗语，"三个臭皮匠，赛过诸葛亮"，其中"皮匠"实际是"裨将"的谐音，"裨将"在古代是"副将"的意思，原为"三个臭裨将，赛过诸葛亮".这句话的意思是"三个才能平庸的人，若能同心协力、集思广益，也能提出比诸葛亮还周到的计策"，比喻人多办法多，人多智慧多.试用概率论的思想定量分析这个俗语的含义.

2. "智者千虑，必有一失"是一个成语，意思就是再聪明、有智谋的人，也会有疏忽大意的时候.试建立合适的概率模型解释这个成语.

应用案例2 “评委给选手打分”的合理性分析

【问题背景】 在许多场合，都会有评委给选手打分的场景：一个选手在表演之后，若干评委根据选手的表现，按照一定的评分规则给出选手的得分，然后评委会根据各个评委的打分，按照一定的计算规则给出选手的最后得分.常用的最后计算规则是“去掉一个最高分，去掉一个最低分，对剩余分数计算算术平均分作为选手的最后分数”，即截尾平均数（或切尾平均数）.下面讨论这种计算规则的合理性和局限性.

【分析】 算术平均数 $\overline{X}=\frac{1}{n}\sum_{i=1}^{n}X_i$ 有着良好的性质，简单易懂，方便计算.在满足独立同分布的条件下，算术平均数为总体均值的无偏、有效、一致的估计，辛钦大数定律揭示了在极限意义下算术平均数与总体均值的极限关系：

$$\lim_{n\to\infty}P\left(\left|\frac{1}{n}\sum_{i=1}^{n}X_i-\mu\right|<\varepsilon\right)=1,$$

其中，设 $X_1,X_2,\cdots,X_n,\cdots$ 满足独立同分布，且 $E(X_i)=\mu$.因此，算术平均数在实际问题中有着非常广泛的应用.

比如，在用仪器测量某个指标值时，一次测量可能会存在偏差，因此人们常常测量多次，把测量结果 $X_1,X_2,\cdots,X_n$ 看作相互独立同分布的随机变量.由辛钦大数定律可知，当 n 足够大时，其均值 $\overline{X}_n=\frac{1}{n}\sum_{i=1}^{n}X_i$ 与真值 μ 的偏差会很小.特别地，当 $X_i(i=1,2,\cdots,n)$ 相互独立并且服从正态分布 $N(\mu,\sigma^2)$ 时，

$$\overline{X}=\frac{1}{n}\sum_{i=1}^{n}X_i\sim N\left(\mu,\frac{\sigma^2}{n}\right),$$

那么 $\overline{X}$ 的数学期望是指标真值 μ，方差为 $\frac{\sigma^2}{n}$ $\left(\text{单个测量 } X_i \text{ 方差的}\frac{1}{n}\text{倍}\right)$，因此以 $\overline{X}$ 作为指标最后的测量值，将更稳定在指标真值 μ 的附近.

但为什么有评委打分的场合都会“去掉一个最高分，去掉一个最低分，再计算平均分”，而不是直接使用算术平均数作为选手的得分呢？这是因为算术平均数有一个缺点，容易受极端值的影响.如果极端值偏离比较远，那么对均值的计算结果影响很大.由于各个评委打分时对选手水平的认知和把握并不一致，并且评委自身存在水平差异，因此打分难免会出现较大偏差，也就是说评委打分不一定满足同分布的条件，所以直接使用算术平均数作为选手的得分就不是一个好的选择.在这种情况下，对于具有远端数据的中心趋势，截尾均值提供了更合理的度量.

【定义】 截尾平均数

$$\overline{X}' = \frac{\sum_{i=1}^{n} X_i - \max\{X_1, X_2, \cdots, X_n\} - \min\{X_1, X_2, \cdots, X_n\}}{n-2}.$$

由于去掉了两侧的极端值，减小了数值的波动，标准差减小，因此 $\overline{X}'$ 将比 $\overline{X}$ 更稳定. 若给定了每组评委的打分，就能根据公式方便地计算出对应选手的最后得分.

当评委人数较多，或者尾端数据较多时，需要去掉两个最高分，去掉两个最低分，再计算剩余分数的平均分. 更一般地，定义截尾平均数为

$$\overline{X}_\alpha = \frac{X_{(n\alpha+1)} + X_{(n\alpha+2)} + \cdots + X_{(n-n\alpha)}}{n - n\alpha},$$

其中，$\alpha = \frac{m}{n}$ 为截尾系数，n 为数据个数，m 为去掉的单侧数据个数.

【案例讨论】 某歌唱比赛中一个选手演唱完后，11 个评委的打分分别如下：79.89，68.94，83.63，75.54，96.72，81.48，76.22，84.13，90.49，84.57，72.82，请分别计算算术平均数 $\overline{X}$、截尾平均数 $\overline{X}_{\frac{1}{11}}$、截尾平均数 $\overline{X}_{\frac{2}{11}}$ 及它们的标准差.

计算结果见表 1.

表 1　计算结果

	算术平均数 $\overline{X}$	截尾平均数 $\overline{X}_{\frac{1}{11}}$	截尾平均数 $\overline{X}_{\frac{2}{11}}$
平均数	81.31	80.97	80.77
标准差	7.95	5.48	3.72

从表中计算结果可以看出，截尾平均数的标准差比简单算术平均数的标准差要小很多.

【随机模拟】 进一步，可以采用随机模拟的方法模拟 11 位评委对这位选手进行评分，然后对评分结果分别计算算术平均数 $\overline{X}$ 和截尾平均数 $\overline{X}_{\frac{1}{11}}$，再分析算术平均数与截尾平均数及其波动.

随机模拟算法及模拟结果分析如下：

假设：(1) 每位评委的打分都是独立的；

(2) 每位评委的打分 X_i 均服从正态分布 $N(\mu_i, \sigma_i^2)(i=1,2,\cdots,11)$；

(3) μ_i, σ_i 按照一定的随机分布产生.

本例一共模拟了 11 位评委的 500 次打分，对每一次的打分都分别计算算术平均数、算术平均数的标准差和截尾平均数、截尾平均数的标准差，对其分别进行方差分析，分析结果见表 2、表 3、表 4、表 5.

表 2　算术平均数和截尾平均数的均值及 95%置信区间

水平	数量	均值	标准误差	下限 95%	上限 95%
截尾均值	500	79.668 7	0.100 50	79.471	79.866
算术均值	500	79.644 6	0.100 50	79.447	79.842

表 3　算术平均数和截尾平均数的方差分析

	自由度	平方和	均方	F 比率	概率>F
因素(算术均值/截尾均值)	1	0.144 3	0.144 30	0.028 6	0.865 8
误差	998	5 039.962 5	5.050 06		
校正合计	999	5 040.106 8			

本次模拟中,两种方法计算出的算术平均数并没有显著的差别(见表 3,与 μ_i,σ_i 的产生有关).但是两种方法计算出的平均分数的标准差的差异却非常显著(见图 1、表 4、表 5).检验统计量 F 的值为 $F=521.794\ 2$,检验 p 值 $p<0.000\ 1$.

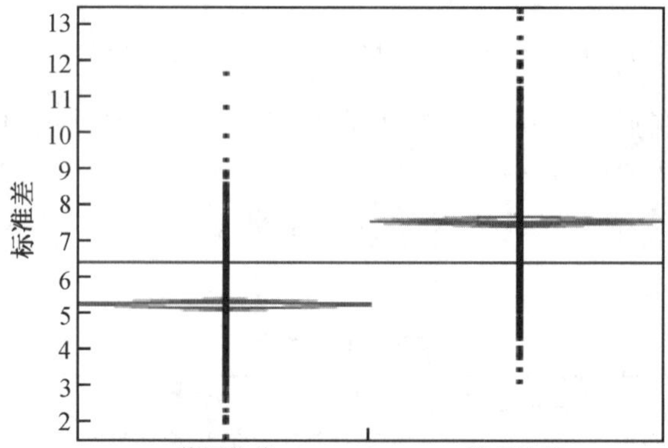

图 1　算术均值/截尾均值的标准差的菱形图

表 4　算术平均数和截尾平均数标准差的方差分析

	自由度	平方和	均方	F 比率	概率>F
因素(算术均值标准差/截尾均值标准差)	1	1 337.703 2	1 337.70	521.794 2	<0.000 1
误差	998	2 558.533 3	2.56		
校正合计	999	3 896.236 5			

表 5　算术平均数和截尾平均数标准差的均值及 95%置信区间

水平	数量	均值	标准误差	下限 95%	上限 95%
截尾均值的标准差	500	5.334 11	0.071 61	5.193 6	5.474 6
算术均值的标准差	500	7.647 29	0.071 61	7.506 8	7.787 8

从算术平均数和截尾平均数标准差的平均值和置信区间可以看出,截尾平均数的标准差更小,截尾平均数更稳定.因此,截尾平均数以其稳定性好、计算方便而广泛应用于各种场合.

【拓展分析】 截尾平均数也有不足之处.第一,尽管评分时都会有评分标准,但每个评委的评分尺度还可能不一致,所以简单去掉极端值并非最佳处理办法;第二,如果评委较少,比如只有三个评委,再去掉极端值,剩下的评委就很少了,难以代表评委们的综合意见.

因此在每个评委的评分尺度不尽相同或评委人数比较少时，较为合理的处理办法是：首先对每个评委的打分标准化，然后计算算术平均数，使得每个评委的意见都能体现在总分里.

标准化计算公式为

$$X_i^* = \frac{X_i - \mu_i}{\sigma_i}.$$

标准化后的打分都将服从标准正态分布 $N(0,1)$，满足独立同分布，因此先计算算术平均数，然后进行综合评分即可.

除此之外，对于评委打分的综合评定还有其他一些处理手段，如归一化算法、基于序关系的评价方法、加权平均算法等，具体内容可以参考有关文献.

【思考与练习】

1. 试用随机模拟的方法模拟生日问题：考虑由 n 个人组成的班集体，问至少有两个人生日在同一天的概率是多少(一年以 365 天计)？模拟当 $n=10, 23, 40, 50, 60$ 时的概率近似值.

2. 三扇门问题(Monty Hall problem)出自美国的电视游戏节目“Let's Make a Deal”，问题的名字来自该节目的主持人蒙提·霍尔(Monty Hall). 游戏规则是：参赛者会看见三扇关闭了的门，其中一扇的后面有一辆汽车，选中后面有车的那扇门就可以赢得该汽车，而另外两扇门后面则各藏有一只山羊. 当参赛者选定了一扇门，但未去开启它的时候，节目主持人会开启剩下两扇门的其中一扇，露出其中一只山羊. 然后主持人会问参赛者要不要改变最初的选择，换另一扇仍然关着的门. 问题是：换另一扇门是否会增加参赛者赢得汽车的概率？

试用随机模拟的方法模拟该问题，并给出你的答案.

应用案例3　报童模型及其应用

【问题背景】 有一报童每天清晨从报社购进报纸零售，晚上将没有卖掉的报纸退回. 设每份的购进价为 b，零售价为 a，退回价为 c，假设 $a>b>c$，即报童每售一份报纸赚 $a-b$，退回一份赔 $b-c$.

若报童每天购进报纸太少，则不够卖，会少赚钱；但购进太多，则卖不出去，将要赔钱. 建立合适的模型，确定每天购进报纸的数量，以获得最大的收入.（本案例来自清华大学姜启源等编的《数学模型》）

【讨论】 报纸的市场需求是随机的，进货量要根据市场需求来确定. 为方便分析讨论，做如下假设：

(1) 报童能够由经验或其他渠道了解到市场需求的规律，设市场需求量 R 取值 r 份的概率为 $f(r)$；

(2) 市场需求量和购进量比较大，可视市场需求量为 R，且 R 为连续型随机变量；

(3) 每份的购进价为 b，零售价为 a，退回价为 c，假设 $a>b>c$；

(4) 报纸的销售不考虑其他因素的影响.

【分析】 现假设报童每天购进报纸的数量是 n 份，市场需求量为 R，R 是随机变量，报童的收入 $G(R,n)$ 也是随机的，且为 R 和 n 的函数. 那么要解决的问题为：求最佳购进报纸数量 n，使得平均收入 $E(G(R,n))$ 最大.

【建模与求解】 由问题假设建立报童收入函数：

$$G(R,n)=\begin{cases}(a-b)R-(b-c)(n-R), & R\leqslant n,\\ (a-b)n, & R>n.\end{cases}$$

那么平均收入为

$$E(G(R,n))=\int_0^n[(a-b)r-(b-c)(n-r)]f(r)\mathrm{d}r+\int_n^{+\infty}(a-b)nf(r)\mathrm{d}r.$$

对 n 求导得

$$\begin{aligned}\frac{\mathrm{d}E(G(R,n))}{\mathrm{d}n}&=(a-b)nf(n)-\int_0^n(b-c)f(r)\mathrm{d}r-(a-b)nf(n)+\int_n^{+\infty}(a-b)f(r)\mathrm{d}r\\&=-(b-c)\int_0^n f(r)\mathrm{d}r+(a-b)\int_n^{+\infty}f(r)\mathrm{d}r.\end{aligned}$$

令 $\dfrac{\mathrm{d}E(G(R,n))}{\mathrm{d}n}=0$，得到

$$\frac{\int_0^n f(r)\mathrm{d}r}{\int_n^{+\infty}f(r)\mathrm{d}r}=\frac{a-b}{b-c}.$$

因为$\int_{-\infty}^{+\infty} f(r)\mathrm{d}r = 1$，所以上式也可以写为

$$\int_0^n f(r)\mathrm{d}r = \frac{a-b}{a-c}. \tag{1}$$

积分$\int_0^n f(r)\mathrm{d}r$ 即为R 的分布函数$F(r)$. 当报纸的市场需求分布 $f(r)$已知时，就可以很容易地求出最佳购进数量n.

譬如，当需求R服从正态分布$N(200,15^2)$时，每份报纸的购进价$b=0.7$元，零售价$a=1$元，退回价$c=0.5$元，则有

$$\int_0^n f(r)\mathrm{d}r = \frac{1-0.7}{1-0.5} = 0.6.$$

即求n使得满足$\Phi\left(\frac{n-200}{15}\right)=0.6$，查表得$\frac{n-200}{15}=0.26$，求出

$$n=200+15\times 0.26=203.9,$$

所以报童购进204份报纸可使利润达到最大.

如果需求量和购进量不大，可采用离散型随机变量讨论. 讨论过程相仿，只需要把密度函数换为分布列，积分换为求和，第二条假设进行如下修改：

(2′) 市场需求量和购进量不大，可视市场需求量R为离散型随机变量，分布列为

$$P(R=r)=p(r) \quad (r=1,2,\cdots,n),$$

可用差分方法求极值：

$$\begin{aligned}\Delta G(r,n)&=G(r,n+1)-G(r,n)\\&=\left\{\sum_{r=0}^{n+1}[(a-b)r-(b-c)(n+1-r)]p(r)+\sum_{r=n+2}^{+\infty}(a-b)(n+1)p(r)\right\}-\\&\quad\left\{\sum_{r=0}^{n}[(a-b)r-(b-c)(n-r)]p(r)+\sum_{r=n+1}^{+\infty}(a-b)np(r)\right\}.\end{aligned}$$

经过整理之后得到

$$\Delta G(r,n) = -(b-c)\sum_{r=0}^{n}p(r)+(a-b)\sum_{r=n+1}^{+\infty}p(r).$$

令$\Delta G(r,n)=0$，又$\sum_{r=0}^{n}p(r)+\sum_{r=n+1}^{+\infty}p(r)=1$，代入整理，得到最佳购进数量$n$应该满足

$$\sum_{r=0}^{n}p(r) = \frac{a-b}{a-c}. \tag{2}$$

在离散状态下求出的结果(公式(2))与连续型的求解结果(公式(1))是一致的.

本案例讨论的报童问题(newsboy problem)是一个基本的需求随机存贮问题，自1955年被首次提出至今已经有60多年的研究历史. 各国学者对经典的报童模型及它的多种扩展模型都有全面深入的研究，研究者按照约束条件扩展、博弈者心理特征扩展、供应链扩展、市场竞争合作扩展、市场需求类型扩展等类型，从决策目标、零售商、市场结构、供应商等方面对扩展模型做了细致研究，这些研究成果都成为随机存贮理论的重要内容.

应用案例 4　正态分布与过程控制图

在企业产品生产过程中，经常需要对产品的质量特性数据进行分析和控制. 统计过程控制(简称 SPC)就是一种借助数理统计方法的过程控制工具. 它对生产过程进行分析评价，根据反馈信息及时发现系统性因素出现的征兆，并采取措施消除其影响，使过程维持在仅受随机性因素影响的受控状态，以达到控制质量的目的. 控制图是 SPC 中最重要的工具，目前在生产实际中大量运用的是基于 Shewhart 原理的传统控制图，而正态分布是绘制控制图的重要基础.

正态分布是概率论中非常重要的连续型随机变量的分布，在实际问题中有着广泛的应用，其密度函数为

$$f(x)=\frac{1}{\sigma\sqrt{2\pi}}e^{-\frac{(x-\mu)^2}{2\sigma^2}}, -\infty<x<+\infty,$$

其中，$-\infty<\mu<+\infty, \sigma>0$.

由于在正常情况下产品质量特性值的分布一般都服从正态分布或近似正态分布，因此，正态分布贯穿整个质量特性数据分析过程.

正态分布 3σ 原理图示见图 1. 由图可知，

$$P(|X-\mu|<\sigma)=2\Phi(1)-1=0.682\ 6,$$
$$P(|X-\mu|<2\sigma)=2\Phi(2)-1=0.954\ 5,$$
$$P(|X-\mu|<3\sigma)=2\Phi(3)-1=0.997\ 3.$$

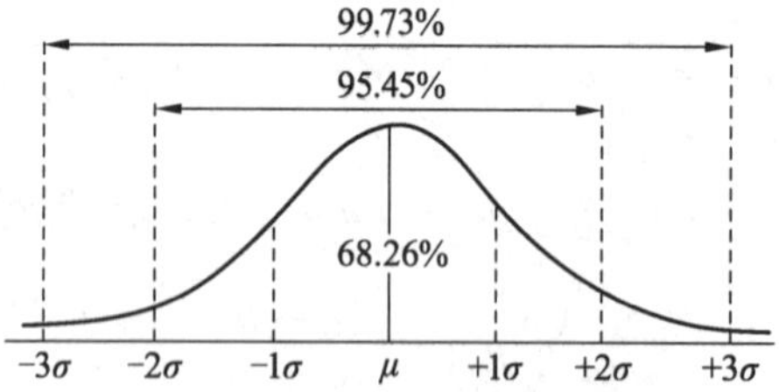

图 1　正态分布 3σ 原理图示

将图 1 逆时针翻转 90°可得到控制图基本图形(见图 2)，图中的 UCL/LCL 指的是控制上/下限，由抽样数据计算确定，表述过程的实际状态，用来区分正常波动和异常波动，即判定过程受控还是不受控. 由正态分布 3σ 基本原理可知，在过程受控状态，观测点将以 99.73% 的概率落在控制限以内.

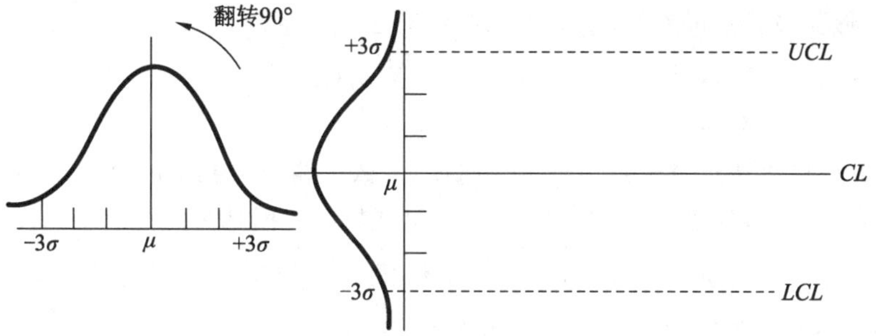

图 2 控制图基本图形

常用控制图的种类有计量控制图和计数控制图.计量控制图中包含均值-极差控制图($\overline{X}-R$)、均值-标准差控制图($\overline{X}-S$)、中位数-极差控制图($\widetilde{X}-R$)、单值-移动极差控制图($X-Rm$)等;计数控制图包含不合格品率控制图(p 图)、不合格品数控制图(np 图)、缺陷数控制图(c 图)、单位产品缺陷数控制图(u 图)等.

【案例讨论】 下面以均值-极差控制图($\overline{X}-R$)为例,简单说明在生产实际问题中控制图的绘制.

例 某企业制造一批紫铜管,具体信息如下.名称:紫铜管;机械号码:×××;质量特性:内径;操作者:×××;测定单位:m/m;测定者:×××;制造场所:×××生产车间.抽样期限:自×年×月×日至×年×月×日.抽样数据见表 1,根据表中数据绘制控制图.

表 1 抽样数据

样组	测定值					均值	R
	X_1	X_2	X_3	X_4	X_5		
1	50	50	49	52	51	50.4	3
2	47	53	53	45	50	49.6	8
3	46	45	49	48	49	47.4	4
4	50	48	49	49	52	49.6	4
5	46	48	50	54	50	49.6	8
6	50	49	52	51	54	51.2	5
7	47	49	50	48	52	49.2	5
8	48	50	46	49	51	48.8	5
9	50	50	49	51	53	49.0	4
10	49	51	51	46	48	49.2	5
11	51	50	49	46	50	49.2	5
12	50	50	49	52	51	50.4	3
13	49	49	49	50	55	50.4	6
14	53	48	47	52	51	50.2	6
15	53	48	49	51	52	50.6	5
16	46	50	53	51	53	50.6	7
17	50	52	49	49	49	49.8	3
18	50	49	50	49	51	49.8	2
19	52	49	52	53	50	51.2	4
20	50	47	50	53	52	50.4	6
21	52	49	51	53	50	51.0	4
22	55	54	51	51	50	52.2	5
23	50	54	52	50	49	51.0	5
24	47	51	51	52	52	50.6	5
25	53	51	51	50	51	51.2	3

【**绘制图形**】 均值-极差控制图($\bar{X}-R$)计算公式如下.

$\bar{X}$ 控制图:$CL=\bar{\bar{X}}$,$UCL=\bar{\bar{X}}+A_2\bar{R}$,$LCL=\bar{\bar{X}}-A_2\bar{R}$;

R 控制图:$CL=\bar{R}$,$UCL=D_4\bar{R}$,$LCL=D_3\bar{R}$,

其中 A_2,D_4,D_3 可以通过查常用计量值控制图系数表得到.绘出上/下控制限 UCL/LCL,把观测点描入图中,再根据控制图的判读方法即可判定过程是否受控.

由表中数据计算得,$\bar{\bar{X}}=50.16$,$\bar{R}=4.8$,查常用计量值控制图系数表得 $A_2=0.577$,$D_3=0$,$D_4=2.114$.代入公式计算得

$\bar{X}$ 控制图:$CL=\bar{\bar{X}}=50.16$,$UCL=\bar{\bar{X}}+A_2\bar{R}=52.9296$,$LCL=\bar{\bar{X}}-A_2\bar{R}=47.3904$;

R 控制图:$CL=\bar{R}=4.8$,$UCL=D_4\bar{R}=10.1472$,$LCL=D_3\bar{R}=0$.

绘制控制界限,描出各观察点,如图 3 所示.

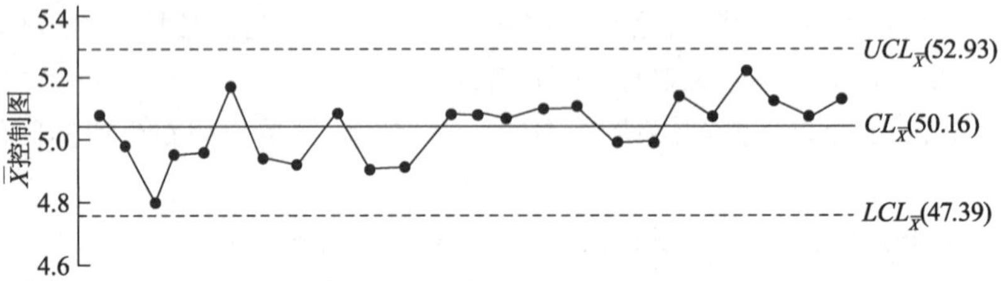

(a) $\bar{X}$控制图

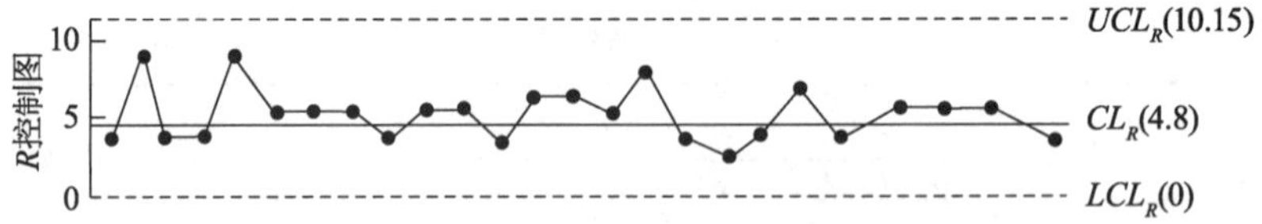

(b) R控制图

图 3 $\bar{X}$ 控制图与 R 控制图

目前许多统计软件都可以实现自动绘制控制图.下面采用统计软件 JMP 绘制均值-极差控制图,操作步骤为:建立 JMP 数据表→点击“图形”菜单→选择“控制图”→制程变量“data”→标签“sample”→样本数为“5”→确定,即可得到本例的均值-极差控制图.

数据内容如图 4 所示.

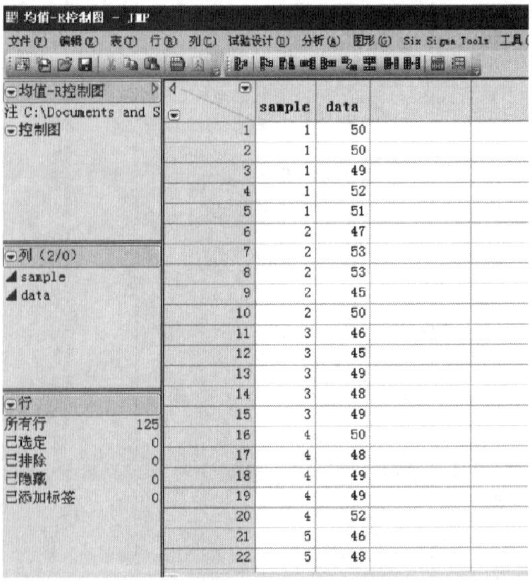

	sample	data
1	1	50
2	1	50
3	1	49
4	1	52
5	1	51
6	2	47
7	2	53
8	2	53
9	2	45
10	2	50
11	3	46
12	3	45
13	3	49
14	3	48
15	3	49
16	4	50
17	4	48
18	4	49
19	4	49
20	4	52
21	5	46
22	5	48

图 4 数据

软件绘制结果：

“data”的均值控制图如图 5 所示.

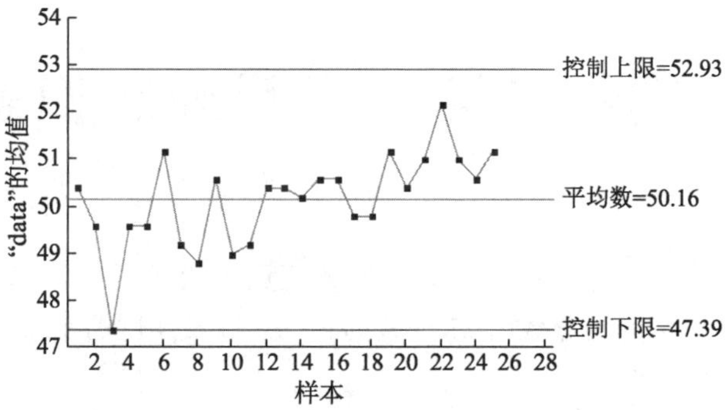

图 5　“data”的均值控制图

“data”的极差控制图如图 6 所示.

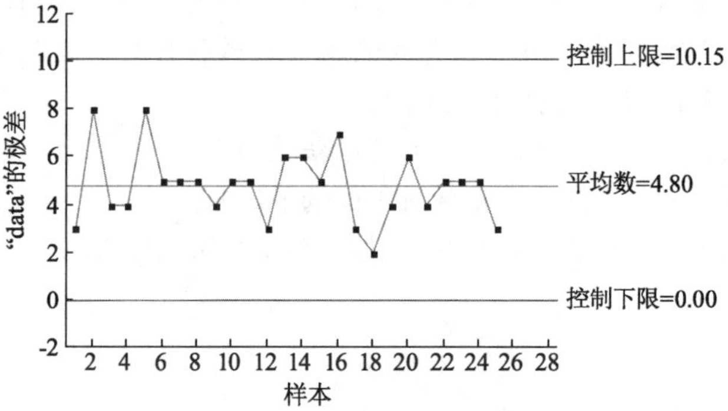

图 6　“data”的极差控制图

绘出控制图后，可以根据常规控制图的判异准则（国标 GB/T 4091—2001）判定生产过程是否受控.

【思考与练习】

试查找资料，学习各种控制图的绘制，以及常规统计控制图的 8 项判异准则（国标 GB/T 4091－2001），并针对上述案例的控制图给出是否受控的判断.

综合应用案例练习　乒乓球新旧赛制问题

2001 年，国际乒乓球联合会对乒乓球的比赛规则做出了重大改革，如比赛用球的直径由 38 mm 增加到 40 mm，每局分数由 21 分改为 11 分，以及无遮挡发球等规定，并决定新规则从 2001 年 9 月 1 日开始实施.

修改运动竞赛规则有两个目的：一是改进和提高技术；二是打破平衡，从总体上促进该运动项目的发展.减少每局分数，实行 11 分制，规定单打淘汰赛由原来的五局三胜制改为七局四胜制，双打淘汰赛和团体赛由原来的三局两胜制改为五局三胜制，目的是增加比赛的偶然性，有利于形成激烈对抗.当然，也有人认为乒乓球联合会的改革主要针对中国选手，目的是避免每次比赛中国队大包大揽前几名.

1. 请你利用概率论知识定量分析新旧赛制获胜的概率.
2. 分析有人说赛制的此项改革是针对中国选手的原因.
3. 利用计算机编程模拟新旧赛制，并与你的理论结果相比较.